北方小城市海绵城市建设模式

以大连庄河市为例

林聪 著

江苏凤凰科学技术出版社 · 南京

图书在版编目（CIP）数据

北方小城市海绵城市建设模式 : 以大连庄河市为例 / 林聪著 . -- 南京 : 江苏凤凰科学技术出版社 , 2025. 4.

ISBN 978-7-5713-5244-8

Ⅰ . TU985.231.3

中国国家版本馆 CIP 数据核字第 2025SW3032 号

北方小城市海绵城市建设模式　以大连庄河市为例

著　　者　林　聪
项目策划　凤凰空间 / 杨　琦
责任编辑　赵　研
责任设计编辑　蒋佳佳
特约编辑　杨　琦

出版发行　江苏凤凰科学技术出版社
出版社地址　南京市湖南路 1 号 A 楼，邮编：210009
出版社网址　http：//www.pspress.cn
总　经　销　天津凤凰空间文化传媒有限公司
总经销网址　http：//www.ifengspace.cn
印　　刷　雅迪云印（天津）科技有限公司

开　　本　710 mm × 1000 mm　1/16
印　　张　9
字　　数　150 000
版　　次　2025 年 4 月第 1 版
印　　次　2025 年 4 月第 1 次印刷

标准书号　ISBN　978-7-5713-5244-8
定　　价　99.00 元

图书如有印装质量问题，可随时向销售部调换（电话：022-87893668）。

本书写作人员

著者

林聪

技术指导

李俊奇

参加写作人员

俱晨涛　赵　杨　张海龙　梁　云　祝庆辉　郑　宇
张弘强　苏信熙　常元丽　武春生　王耀堂　吴允红
王二松　李贞子　李　琳　耿佳丽　刘　强　赵丰昌
郭晓鹏　张兴宇　崔新伟

目录

1 建设背景与初衷 6

1.1 建设背景 7

1.2 面临的核心问题与挑战 7

1.3 建设初衷 9

2 庄河市海绵城市建设本底条件 10

2.1 庄河市区位 11

2.2 自然地理特点 11

2.3 气候特点 13

2.4 水系特点 15

3 庄河市海绵城市建设管理 17

3.1 “小政府协调、企业化运作”的组织管理方式 18

3.2 “大连、庄河”两级考核督办机制 18

3.3 “管理层 + 实操层”多级沟通方式 19

3.4 工程管理体系及 PPP 项目管理方式 19

3.5 按片区的推进方式 20

4
庄河市海绵城市顶层设计 22

4.1 问题系统性诊断 23
4.2 规划创新 48
4.3 总体系统方案 59
4.4 小寺河流域综合整治系统方案 75
4.5 庄河、鲍码河流域综合整治系统方案 103
4.6 大学城片区（第一汇水区）海绵城市建设方案 121
4.7 休闲养生区（第五汇水区）海绵城市建设方案 128

5
庄河市海绵城市建设效益 134

5.1 经济效益 135
5.2 社会效益 137
5.3 生态效益 139

参考文献 140

1 /

建设背景与初衷 /

1.1 建设背景

2016年5月，大连市成功入选中央财政支持的海绵城市建设试点城市。东北地区除沈阳、大连、哈尔滨、长春等为数不多的大城市以外，城市体量多以中小城市为主，近年来受自然条件、人力资源、建设资金、管理体制等诸多因素的束缚，与东部发达地区相比，经济发展明显滞后。在此背景下建设海绵城市尤为困难。庄河市作为大连市所辖的3个县级市之一，具有典型的东北小城市特点，同时其气候、地形地貌、水文等特点与大连相似，其面临的水环境、水安全、水生态等问题亦与大连市相似，具有非常典型的区域代表性。庄河市冬季降雪量大，融雪剂使用量大及冬季透水铺装施工难等问题也很突出。基于以上考量，大连市政府将试点区选址于庄河市，试点期三年。庄河市致力于改善人居生活环境、推动市政技术设施升级、恢复城市水文循环，结合目前东北地区发展，提出建设“节约型海绵城市”的理念，这对东北地区中小城市及沿海低平地区大范围、全面开展海绵城市建设具有示范意义，并提供可借鉴的经验。

1.2 面临的核心问题与挑战

1.2.1 核心问题

庄河市城区主要河道均面临不同程度的水环境质量问题，在特定季节有水体浑浊、发臭等问题，会影响居民生活品质。同时易受上游洪水、内部涝水及下游潮水三重叠加威胁，在暴雨期间城内居民出行较为困难。沿海地带不合理的人为开采地下水以及填海，导致土地盐碱化加剧，生态系统遭到破坏。少雨季节河道的可用补水量明显储备不足，可用水资源缺乏。

（1）沿海区域河道水质的逐步恶化影响居民生活品质

庄河市中心城区主要河道包括小寺河、庄河、鲍码河，均面临不同程度的水环境质量问题。水体的污染主要来源于城区区域排水基础设施不完善导致的局部生活、工业废水直排，以及雨水径流、合流制溢流排放，还有内湾海水的污染富集等。持续的污染在特定季节造成水体浑浊、发臭，进而影响居民生活品质。同时，庄河市三河入海口作为我国唯一的黑脸琵鹭（国家一级保护动物）繁殖栖息地，水环境持续恶化将会严重影响对生存环境敏感性高的黑脸琵鹭的繁殖和栖息。

（2）暴雨积水造成居民出行不便

庄河市城市建设区域位于小寺河、庄河、鲍码河下游，易受上游洪水、内部涝水及下游潮水三重叠加威胁，导致河道下游排水不畅，城市内涝隐患严重，安全问题突出，暴雨期间造成城内局部低点“过河”“看海”，影响居民出行。

（3）土地盐碱化加剧生态系统的破坏

沿海地带不合理的人为开采地下水以及上游水库修建导致的补水不足、地下水水位连年下降，从而造成近海地段的海水入侵，加剧了土壤盐碱化，这对植物选择、种植、养护都提出了新的要求。

（4）可用水资源缺乏

庄河市地处东北地区，属大陆性季风气候，全年平均降水量约 736 mm，且季节性强，河道坡度大，水难保留。另外，降水主要集中在夏季，少雨季节河道的可用补水明显储备不足，亟待综合利用雨水、再生水等非常规水资源补充。

1.2.2 严峻挑战

海绵城市建设需要消耗大量的人力、财力、物力，庄河市目前面临“人、财、物”短缺、机制创新难、施工周期短等难题，同时试点区位于三河下游，还面临上下游统筹难的问题。

（1）“人、财、物”短缺的严峻挑战

海绵城市作为新兴事物，是一项系统性工程，工程管理、设计、实施等环节可供借鉴的经验较少，要想短期内将 21.8 km^2 的海绵城市试点区域建成达标，需要大量的人力、财力、物力以及技术的支撑。海绵城市建设系统性较强，技术复杂，本地管理、设计、施工、维护人员仍处在学习、探索阶段，技术人才的短缺是制约海绵城市建设推进的重大问题。

（2）新的建设理念与现有体制（机制）协调有难度

海绵城市建设核心任务之一是对管理团队、建设程序、支撑机制等一系列内容进行突破创新，摸索出适合本地的一整套海绵城市建设管理运行机制。在海绵城市前期建设项目的推进过程中，现有的各类文件、规章制度改动难度大，原有程序办理惯性大，导致在推进过程中，特别是手续办理、相关文件审核及招标等环节相对缓慢，机制创新难度大。

（3）施工周期短与任务繁重的矛盾

庄河市地处东北寒冷地区，每年 11 月中旬至转年 3 月末为冬歇期，多数工程无法施工，3 年内建设 122 个海绵工程项目，其中又包括三河流域水环境治理等重大工程，任务十分艰巨，高质量高目标的要求与有限的施工周期矛盾非常突出。

（4）下游试点区的选择造成上下游统筹难

大连市海绵城市试点区选址于庄河市城区南部，小寺河、庄河、鲍码河三河下游入海口处，试点建设不仅需要考虑试点区内的项目建设，以及针对水环境治理、洪涝潮等问题的解决，还需要统筹考虑试点区外三河上游整体的流域关系，并以流域为单位综合考虑项目设置及建设的轻重缓急。庄河市现在水环境问题突出、洪涝潮影响严重。基于上述问题，需要完成包含工业废水、生活污水的截污，农村雨水与污水系统的建设与管理，城区合流制溢流的控制与厂网配套，以及海绵城市建设与改造等综合性系统工程，海绵城市系统构建涵盖内容多，涉及范围广，建设难度大，全面推进面临诸多挑战。

1.3 建设初衷

大连庄河市抓住海绵城市试点城市机遇并设立了 3 个海绵城市建设目标：一是解决城市河道水质恶化、暴雨积涝、盐碱化、水资源短缺等城市水问题；二是完成国家交代的任务——2020 年 25% 以上建成区面积达到海绵城市建设目标，2030 年 80% 以上建成区面积达到海绵城市建设目标；三是建设“节约型海绵城市”，为东北地区中小城市开展海绵城市建设提供借鉴。

“节约型海绵城市”是以资源高效利用为核心，通过系统性顶层设计、规划建设、运行维护和技术创新，将城市水系统与生态修复、资源节约紧密结合，在保障排水防涝安全和水环境品质的基础上，实现雨水资源的高效截留、净化、储存和循环利用，最大限度减少对传统水资源的消耗，促进城市水生态系统的良性循环，是一种新型城市发展模式。“节约型海绵城市”是绿色经济理念与海绵城市理念的融合。绿色经济是以市场为导向、以传统产业经济为基础、以经济与环境的和谐为目的发展起来的一种新的经济形式。海绵城市建设本质在于从生态系统服务出发，构建水生态基础设施，逐步恢复自然的可持续生态水文循环。绿色经济与海绵城市相辅相成，在海绵城市建设过程中运用绿色经济理念构建“节约型海绵城市”，尽可能地采取更为经济的技术路线及措施，是更符合经济规模不大的东北小城市的发展方式。大连庄河市主要从以下几个方面建设“节约型海绵城市”。

在顶层设计层面，从规划阶段在沿海地势低平区域的每个片区采取以中心水体调蓄为核心的沟—塘—湖联通规划格局，严格管控竖向设计，明确行泄通道路径及控制竖向，在具备条件片区，尽量采取“无雨水管网”的建设模式，在顶层设计过程中节约土方填挖、管网等工程的投资，搭建可持续的本地物料再生产业结构。

在工程建设过程中通过工艺的经济化优选，注重既有设施、地形、本底条件的利用，本地材料资源化利用，设施产业化推广实现绿色经济的建设方式。如庄河市采取水力冲洗加泵站输送的清淤方式、利用既有暗渠进行调蓄、大面积使用低成本的透水水稳基层、利用本地开山混合料作为基层、本地化苗圃培育等高性价比的措施。

在运行维护过程中通过低维护植物的优化选择，低维护管网技术，斜坡防冲刷技术，低维护设施的选择，低维护监测设施等方面的应用减少后期维护工作。如选择低维护成本的植物蛇莓委陵菜作为绿化材料，减少后期人工维护工作量，运用草坪铺设防冲刷技术避免后期泥土冲刷造成设施功能性失效返工，选择低维护易清理的双篦溢流口减少溢流口维护频率等。

2/

庄河市海绵城市建设本底条件/

2.1 庄河市区位

庄河市地处欧亚大陆东岸，辽东半岛东南部，黄海北岸，为大连市所辖。东与丹东市毗邻，西以碧流河与普兰店区相邻，北同营口市的盖州市、鞍山市的岫岩满族自治县相连，南濒黄海与长海县隔海相望。全境总面积为 6968 km^2，其中陆域面积 4086 km^2，自然海岸线长 285 km。

庄河市是东北重要的地区门户和黄海北部沿岸的中心城市，位于以大连为龙头、丹东为龙尾黄金海岸的“龙脊”地带，处在大连“一小时经济圈”和辽宁省“两小时经济圈”内，同时在环黄海经济圈中处于重要的战略位置。

庄河市市区三面环山，南面向黄海，小寺河（即热水河）、庄河、鲍码河 3 条河流由北向南贯穿，最终于庄河湾交汇入海。市区属于冲积平原地区，地势平坦，且南部沿海地区受潮汐影响，形成沿海排水顶托问题。庄河沿海地区多为泥滩，有 215 km 长的海岸线、26000 hm^2 滩涂、6600 hm^2 港圈，水产品极其丰富，贝类资源丰富，享有“东方贝库”之称。

2.2 自然地理特点

（1）地形地貌特点

庄河市为低山丘陵区，属千山山脉南延部分，地势由南向北逐次升高。全市地貌特征可概括为“五山一水四分平地”。北部群山逶迤，峰峦叠嶂，平均海拔在 500 m 以上，其中步云山最高海拔 1130.7 m，为辽南第一峰。中部丘陵起伏，海拔在 200 ~ 500 m 之间，溪流、峡谷、盆地、小平原间杂分布其间。南部沿海地势平坦宽阔，海拔在 50 m 以下（图 2-1）。

（2）地质特点

庄河市大地构造位置属阴山——天山构造带的东端南部边缘和新华夏构造第二个一级隆起带的中段交接复合部位。根据各种构造形变的性质、展布及其相应关系，可分为东西向构造体系、南北向构造体系、新华夏或华夏构造体系、北西向构造体系。出露地层主要有太古界、元古界、古生界、中生界和新生界等。地质构造复杂，断裂发育，新构造运动强烈，小震活动频繁，是辽东半岛地震危险区之一。该地区紧邻全国 23 个地震带之一的郯庐断裂带，该地震带沿郯庐断裂展布（穿过渤海的部分称为营潍断裂带），是中国东部最大、地震活动最活跃的地震带之一。在中国地震动参数区划图中庄河处于高烈度地区的六度区。

（3）土壤特点

庄河地区土壤分为棕壤土、草甸土、水稻土、盐土、风沙土 5 个土类，10 个亚类，41 个土属，123 个土种。其中，棕壤土类是分布最广、面积最大的地带性土壤，主要分布在低山、丘陵及漫岗地带，沿海平面内的残丘、岗地和阶地的顶部、斜坡上，占土壤总面积的 79.54%。根据区域

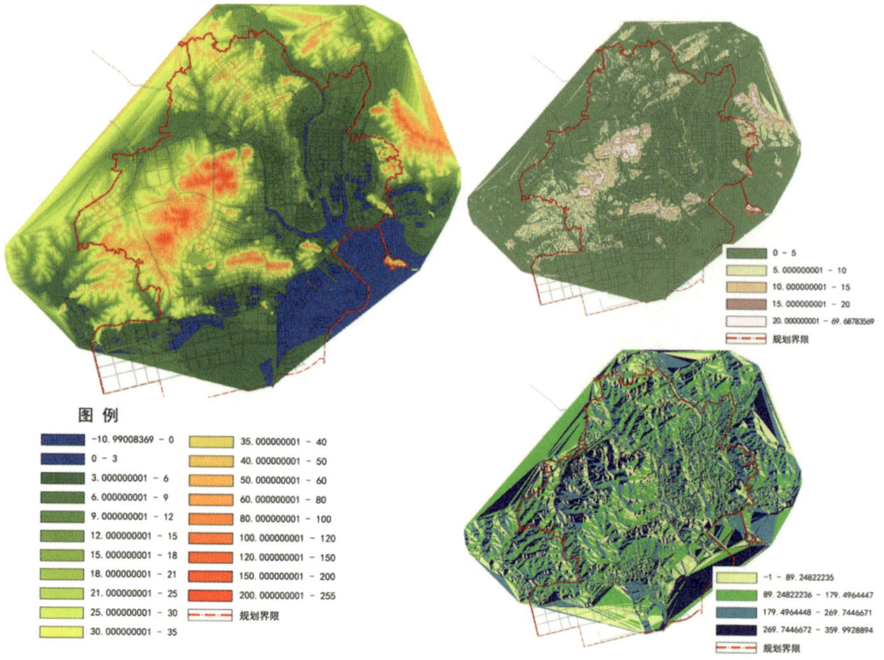

图 2-1　高程、坡度分析

内各土层的渗透实验，整体土壤渗透性能一般，土壤渗透系数平均在 $1.82\times10^{-7}\sim1.04\times10^{-5}$ m/s。

不同土壤渗透规律有所不同，耕地（偏黄土）、裸露坡地（风干、偏砂土）、植草沟（回填土）、耕地（风干更严重，偏砬状）四类土壤（分别为 1 号、2 号、3 号、4 号土壤）渗透曲线如图 2-2 所示。

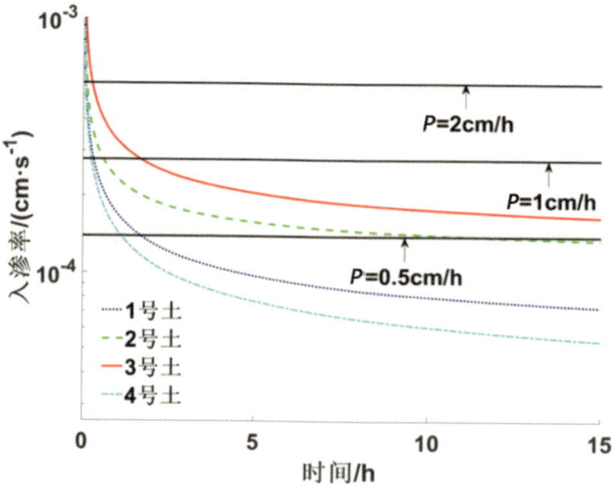

图 2-2　各类土壤入渗率随降雨时间变化曲线

2.3 气候特点

大连市地处北半球的暖温带，欧亚大陆的东岸，属大陆性季风气候，兼有海洋性气候特点。冬无严寒，夏无酷暑，降雨集中，季节明显。位于大连东北角的庄河市气候温和，四季分明。庄河市地处黄海北岸，降雨受海洋季风和台风气候影响较大，形成了明显的季节性和季风性降雨。历史资料显示，庄河市历年（1970—2000 年 30 年间，下同）平均气温为 9.1℃，最高气温 36.6℃，最低气温 -29.3℃。年平均气温西南部高，西北部、北部较低。全区四季气温差异明显，夏季平均气温 22℃，冬季平均气温 -8.1℃，春秋两季平均气温分别为 11.9℃和 14.8℃。受山地和海洋影响，南北气温相差 1 ~ 2℃。由于处于东亚季风区，盛行风向随季节转换而有明显变化。冬季受亚洲大陆蒙古冷高压影响，盛行偏北风；夏季由于印度洋热低压和北太平洋热高压影响，盛行偏南风。历年平均日照为 2415.6 h，日照充足，日照率 56% 左右； 降水量在时间和空间上分布不均，历年平均降水量为 736 mm。7、8 月份降水量占全年降水的 56%，受地形和季风影响，降水量自西南向东北递增。历年无霜期平均约为 165 天。

庄河市处于黄海北岸，降雨受海洋季风和台风气候影响较大，形成了明显的季节性和季风性降雨。

庄河市暴雨多集中在 7、8 月份，夏秋季节局部地区易出现雷阵雨、冰雹等灾害性天气。由于庄河市地处东北丘陵山区，受山脉地形、洋流和大陆性季风气候的影响，其降水在时空分布上主要呈现年际、时程分配不均，地域分配差异较大的特点。

（1）降水量年际分布极不均匀

庄河市汛期及暴雨主要集中在 7—9 月。降水量呈现年际分布、降水量时程分配极不均匀的特点，最大年降水量为 1094.4 mm（1985 年），最小年降水量为 441.7 mm 左右（2000 年），最大年降水量约是最小年降水量的 2.5 倍。1985—2014 年年降水量如图 2-3 所示。

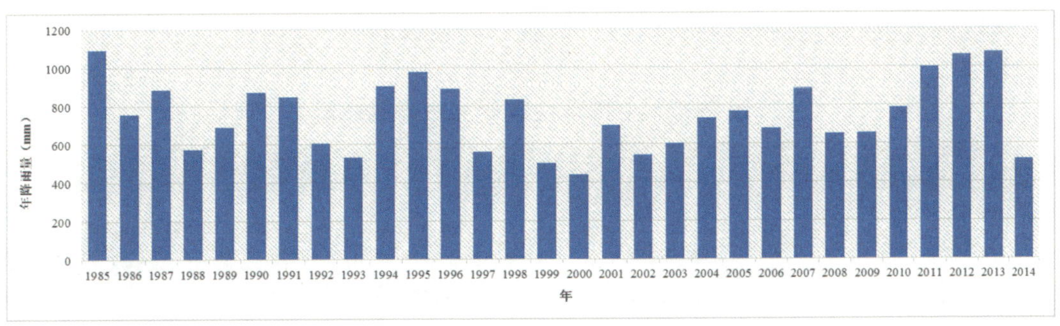

图 2-3 庄河市 1985—2014 年年降水量

（2）降水量时程分布极不均匀

2014 年 1—4 月份降水量占全年的 4.4%，5—9 月份降水量占全年的 86.5%，10—12 月份降水量占全年的 9.1%。5—9 月份除 5 和 9 月份降水比常年偏多外，其余 3 个月均比常年偏少，其中 7 月份降水量最大为 118.7 mm，比常年偏少 39.5%。12 月份降水量最小为 9 mm，比常年偏少 89.7%。降水量的时程分配极不均匀（图 2-4）。

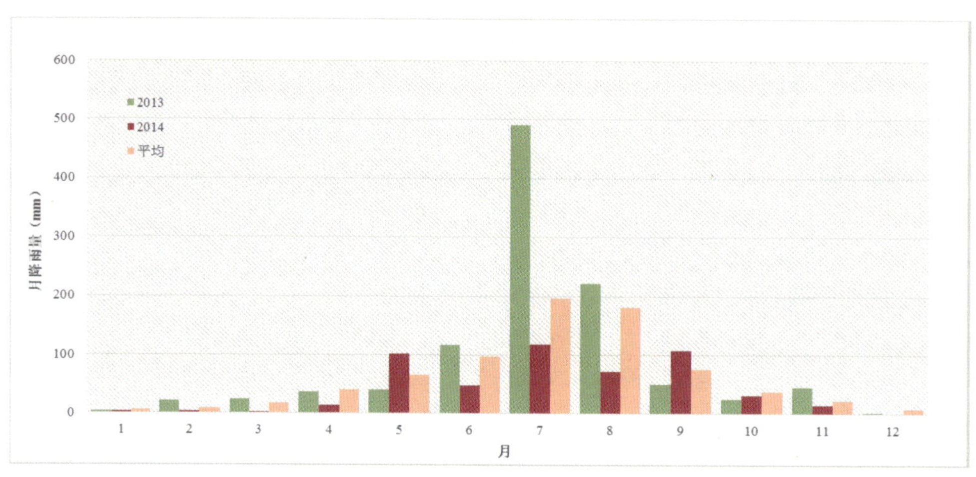

图 2-4 庄河市降水量年内分配情况

（3）降水量空间分布态势

庄河市降水量地域分布不均匀，整体呈现由东北向西南递减的趋势，南北方向降水量变化梯度大，东西方向降水量差异小，山区降水量大于盆地。根据《2013 年庄河市水资源公报》，2013 年庄河市各地降水量在 987 ~ 1228 mm，由东北向西南递减。其中，栗子房镇 1228.3 mm 为最大，王家镇 987.2 mm 为最小（表 2-1）。

（4）降水量在境内主要流域分布

根据《2013 年庄河市水资源公报》，英那河流域年平均降水量为 827.3 mm，折合水量

表 2-1 2013 年庄河市行政分区降水量

乡镇名称	降水量（mm）	乡镇名称	降水量（mm）
仙人洞镇	1140.0	荷花山镇	1001.2
蓉花山镇	1067.3	吴炉镇	1168.1
步云山乡	1012.1	徐岭镇	1113.3
塔岭镇	1182.0	栗子房镇	1228.3
大营镇	1191.0	城山镇	1001.8
太平岭满族乡	1113.1	黑岛镇	1165.3

续表 2-1

乡镇名称	降水量（mm）	乡镇名称	降水量（mm）
长岭镇	1040.3	兰店乡	1125.1
桂云花满族乡	1006.4	庄河市区	1093.0
青堆镇	1204.4	大郑镇	1037.6
光明山镇	1057.2	王家镇	987.2
鞍子山乡	1222.6	石城乡	1126.7

11.45×10^8 m^3，比多年平均降水量增加 27.6%，同比去年降水量减少 22.0%；庄河流域年平均降水量 718.3 mm，折合水量 6.676×10^8 m^3，比多年平均降水量增加 30.7%，同比去年平均降水量减少 21.9%；湖里河流域年平均降水量为 826.8 mm，折合水量 5.319×10^8 m^3，比多年平均降水量增加 33.4%，同比去年平均降水量减少 10.4%。

2.4 水系特点

（1）河道

庄河市共有主干河流 13 条，支流 66 条，还有 288 条季节性河流，纵横交错，形成了比较完整独立的水系网络。全部河流均发源于北部山区，流经中部丘陵区及南部沿海平原区，大多数河流基本由北向南流入黄海。河流流域面积 2944.65 km^2, 主要河流有英那河、庄河、湖里河、小寺河、小流沙河、鲍码河等（图 2-5）。

（2）水库

庄河市共有水库 43 座，其中大型水库 2 座，水库总面积 3796 hm^2，总流域面积 1257.55 km^2，总库容量 4.45×10^8 m^3，净调水量 2.43×10^8 m^3，设计灌溉面积 2.92×10^4 hm^2。

在潮水方面，庄河市有潮水顶托问题，其 50 年一遇潮位 3.14 m，25 年一遇潮位 3.05 m，10 年一遇潮位 2.93 m，2 年一遇潮位 2.69 m，多年平均高潮位为 2.71 m，平均高潮位为 1.62 m。

在洪水方面，庄河入海口处洪峰流量 50 年一遇为 2939 m^3/s，10 年一遇为 1768 m^3/s；小寺河入海口处洪峰流量 50 年一遇为 1711 m^3/s，10 年一遇为 931 m^3/s；鲍码河入海口处洪峰流量 50 年一遇为 1503 m^3/s，10 年一遇为 838 m^3/s；三河汇流入海口处洪峰流量 50 年一遇为 3346 m^3/s，10 年一遇为 1991 m^3/s。

（3）地下水

庄河市地下水类型主要有浅层地下水（松散岩类孔隙水）和深层地下水（基岩裂隙水）两

图 2-5 庄河市河流水系分布

类。浅层地下水（松散岩类孔隙水）较丰富，主要分布在沿海地区。

①松散岩类孔隙水：主要在河流两岸的河谷阶地、河漫滩，分布规律是自河流上游到河流入海处。地下水位平均 2 m，地下水埋深 0.5 ~ 3.5 m，含水层厚度平均 3.6 m，水层由上游到下游，由薄变厚，岩性由粗变细，富水性由贫变富，水质良好，矿化度多在 0.5 g / L 以下。水温较低，适于农田灌溉。

②基岩裂隙水：特点是以泉的形式排泄，全县有大小泉 108 处，涌水量最大的是步云山温泉。地下水化学类型主要包括重碳酸氯型水、重碳酸氯化物型水和氯化物型水。重碳酸氯型水主要分布在西北部的横道河一带，矿化度 0.05 ~ 0.16 g / L。重碳酸氯化物型水主要在低山丘陵交接区，分布于大青沟山至栗子房岭一带，林家屯、桂云花、一面山及夹河一带，矿化程度较低。氯化物型水分布在河流入海口冲积的三角洲和部分海积阶地。矿化度达 0.25 ~ 2.0 g / L，为微咸水。境内水不但量多，水质也较好，理化指标均在国家规定范围内。

庄河市的浅层地下水（松散岩类孔隙水）较丰富，主要分布在沿海地区，沿海地区地下水水位在 2.0 ~ 3.0 m，水质情况见表 2-2。

（4）排水沟渠

庄河市区三面环山，多条山洪排洪渠穿过市区汇入城区河道，且经过市区建成区域多为排水排洪暗渠，排洪渠道常年有山体积水汇入，且存在不同程度雨污混接、污水排入现象。除排洪沟渠外，建成区内具有较多排水暗渠，主要包括小寺河东岸截污暗渠，建设大街雨水排水暗渠，排水暗渠存在雨污混接问题，造成雨季溢流污染。

表 2-2 庄河市地下水水质指标

色度	pH 值	总硬度（mg/L）	溶解性总固体（mg/L）	矿化度含盐量（mg/L）	硝酸盐氮（mg/L）	总大肠菌群（个）
5~10	6.54~8.0	$97.2 \sim 2.96 \times 10^2$	$1.56 \times 10^2 \sim 7.81 \times 10^2$	$1.32 \times 10^2 \sim 7.38 \times 10^2$	2.31~61.3	0~1600

3

庄河市海绵城市建设管理

3.1 “小政府协调、企业化运作”的组织管理方式

引进技术咨询、商业咨询、社会资本等高水平企业与本地政府和企业合作，短时间提升本地技术水平，解决县级政府人才、技术力量短缺等问题。加强对设计、施工、运维企业的培训，创造良好的海绵企业发展环境，培养一大批海绵城市建设设计、施工、运维、产品服务企业，充分调动社会资源，减轻政府机构压力。“小政府协调、企业化运作”的组织管理方式如图 3-1 所示。

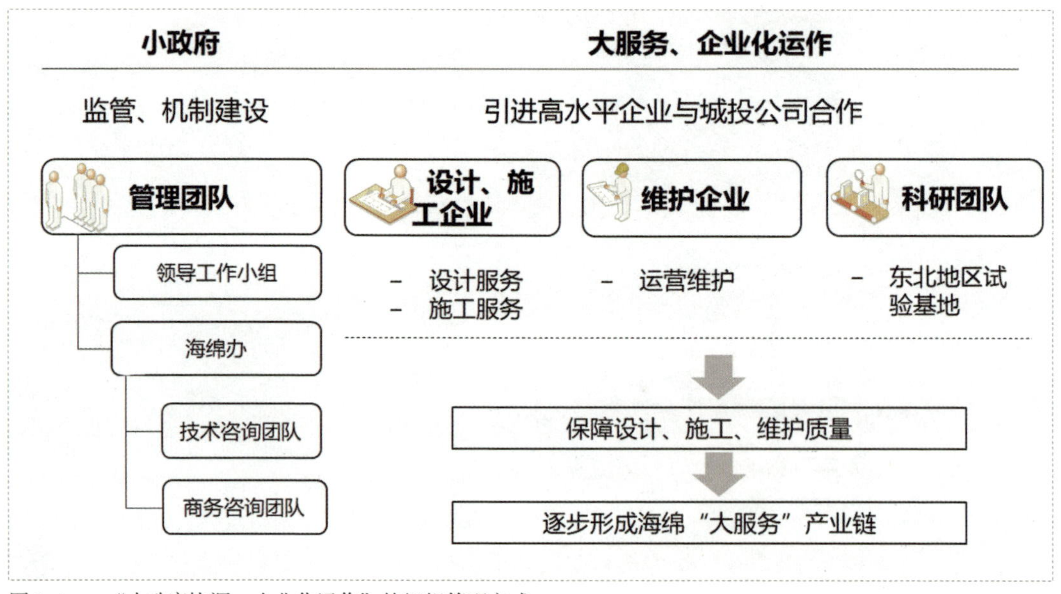

图 3-1 “小政府协调、企业化运作”的组织管理方式

3.2 “大连、庄河”两级考核督办机制

庄河市的海绵城市建设工作由分管市长担任海绵城市建设推进工作领导小组办公室（简称海绵办）主任，成立以海绵办为核心的协调机构，庄河市分管市长亲自统筹协调大连市及各部门工作衔接，建立“省级、市级”两级保障机制。辽宁省政府在土地手续批复快捷办理等方面给予强力的支持大连市把仅有的 50 hm^2 的水田指标全部配给庄河市，用于海绵城市项目建设，并给予 4.8 亿元资金支持；同时建立“海绵办、领导小组”两级决策机制提高决策效率，分管市长每两周进行调度，海绵办汇总工作推进情况，每周上报；按照海绵城市建设试点节点，倒排工期，制定工作计划表，采取“按表推进、挂图作战”的推进方式，建立大连、庄河政府两

级考核机制与督查督办机制。

大连市将各区县市及部门海绵城市任务及考核要求，纳入《区市县（开放先导区）领导班子工作实绩考核实施细则》当中。

将海绵城市要求落实到全市范围；市级定期督导检查，专项考核结果将计入工作实绩考核总成绩，并作为市管领导班子等次综合评定的重要依据。2019 年 1 月开展并完成各区市县、政府部门年度考核指标审核工作，各区县市将海绵城市建设考核材料提交“督查考核信息平台”进行审核。

庄河市印发了《市管领导班子工作实绩考核实施方案》《庄河市政府机关工作绩效考核实施方案》，严格落实海绵城市考核要求，将海绵城市建设情况、重点项目推进情况纳入专项考核当中，年底对考核情况进行通报。

3.3 “管理层 + 实操层”多级沟通方式

庄河市建立常态化市领导、海绵办两级调度机制。分管市长两周一调度，各工作负责部门（海绵办、北黄海新区、规划建设局、财政局等）汇报工作进展情况及存在问题，并落实具体问题解决办法。海绵办一周一调度，PPP 公司（政府和社会资本合作公司）、各部门具体执行人员、海绵办各工作组，针对工程、设计等问题进行讨论，并落实具体问题解决办法。

建立一周一汇报制度，由专门协调人员根据工作计划表梳理进展情况及问题并向海绵办领导汇报，同时更新工作进度表及问题并上报市领导。建立问题决策机制，由海绵办协调具体推进问题，若无法解决需及时汇报分管市领导，由分管市领导进行协调。对于重大事件的决策由领导小组进行决策。

加强市本级机构的沟通管理，同时还建立了常态化的与大连市的汇报沟通机制，定期汇总海绵城市建设工作进展报告，以月报、季报、年报方式上报大连市政府，遇到难以协调的问题，如用地指标、填海手续等方面问题，需及时与大连市政府汇报，通过大连市政府协调解决，确保海绵城市建设顺利推进。

3.4 工程管理体系及 PPP 项目管理方式

庄河市海绵城市建设 PPP 项目（政府和社会资本合作项目）是庄河市第一个 PPP 项目，由于缺乏相关管理经验，市政府聘请了专业的 PPP 商务咨询单位以及技术咨询单位，制定科学合理的 PPP 项目包以及考核机制。庄河市海绵城市 PPP 项目围绕小寺河流域、庄河流域、鲍码河流域进行分类打包，采取公开招标方式确定实施单位，项目采取按效付费机制，可用性服务费的 50% 与 15 年运营服务费挂钩，制定绩效考核办法，分年度、季度、月度进行考核。PPP 项目费用已纳入政府中期财政预算，并建立动态的运维费用调整机制，确保 PPP 公司的收益。PPP 项目管理架构如图 3-2 所示。

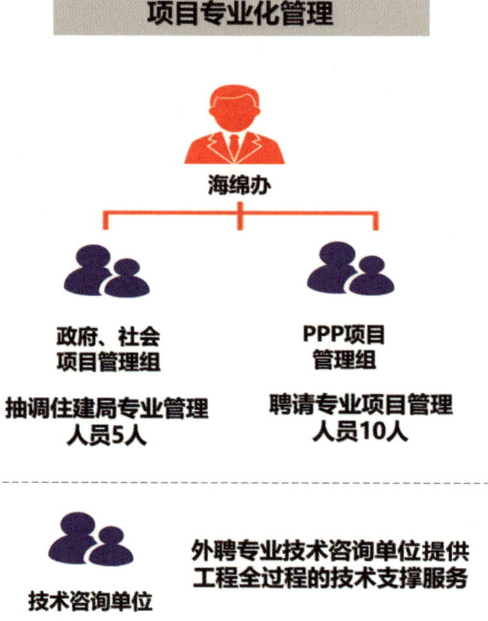

图 3–2 PPP 项目管理架构

3.5 按片区的推进方式

根据按流域、片区推进思路，将试点区分为大学城片区（第一汇水区）、将军湖片区、李屯排水沟片区、中心医院片区、城关工业园片区、明珠湖片区、生态科技文化区（第四汇水区）以及休闲养生区（第五汇水区）8 个片区推进。各片区基本情况、存在问题及控制指标见表 3–1。

表 3–1 各片区基本情况、存在问题及控制指标

片区	面积（hm^2）	基本情况	主要问题	年径流总量控制率	年 SS 总量去除率
大学城片区	1062	新建片区，多为虾圈养殖用地，现已征收；自然本底条件好，多条水系贯穿区域，三面环山，一面靠海	①受洪涝潮影响大，存在低洼积水点；②排水管网不完善造成局部水体黑臭	80%，34.9 mm	55%
将军湖片区	166	近年建成片区，小区品质高，现状绿地景观好，分流制排水系统，最终汇入将军湖	①存在部分混接问题；②湖体水质轻度黑臭	75%，29 .0mm	50%

续表 3-1

片区	面积（hm^2）	基本情况	主要问题	年径流总量控制率	年 SS 总量去除率
李屯排水沟片区	107	新建片区，南侧有山体，李屯排水沟穿过片区排入小寺河入海口	存在棚户区污水散排污染排水渠问题	80%，34.9 mm	55%
中心医院片区	86	已建成的成熟片区，片区硬化面积大，可利用绿地空间少，分流制区域	①存在混接污染问题； ②改造空间少	60%，17.0mm	40%
城关工业园片区	97	已建成的老旧工业区，厂区硬化空间大，为合流制区域，四周为排水沟，最终排入庄河	①合流制管网直排排水沟，水体严重黑臭； ②低洼积水，受洪涝潮影响内涝严重	72%，26.1 mm	48%
明珠湖片区	96	新建区域，多个地块未建成，路网基本形成，分流制区域	分流制管网直排沿海	72%，26.1 mm	48%
生态科技文化区	69	未建区域，现状为苗圃基地，地势平坦	低势平坦，受洪涝潮影响大	80%，34.9 mm	55%
休闲养生区	173	未建区域，现状为苗圃基地，地势平坦	低势平坦，受洪涝潮影响大	80%，34.9 mm	55%

庄河市海绵城市试点不仅需要试点区达到海绵城市建设目标，更需要探索适用于北方寒冷地区甚至全国的海绵城市建设经验。鉴于庄河市试点区 8 个片区具有不同特点，包括新建片区、已建改造片区，居住区、工业区等不同类型片区，涵盖了同一城市不同基础设施建设阶段，尝试对不同片区进行模式创新建设示范，提出适用于不同建设阶段的海绵城市建设发展理念，形成“灰绿并重”“绿色优先、灰色为辅”“纯绿色”适用不同城市雨水基础设施发展阶段的建设模式，使雨水实现从传统的“灰色快排”模式向“绿色慢排”模式的平稳转变，指导下一片区海绵城市建设并积累全国同类型海绵城市建设经验。片区推进方式如图 3-3 所示。

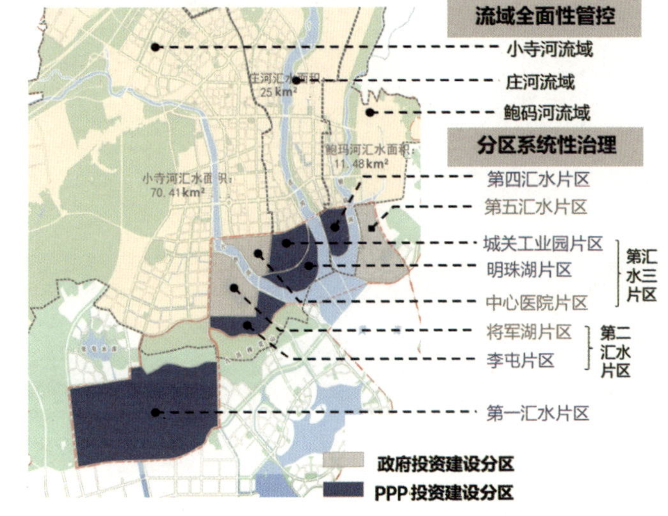

图 3-3 片区推进方式

4 /

庄河市海绵城市顶层设计 /

4.1 问题系统性诊断

现状问题系统性诊断以 2014 年基础数据为基准。

4.1.1 水体污染现状及风险评估

4.1.1.1 流域总体水质情况

对河道断面水质进行监测，具体监测点包括河道入境断面、过境断面、出境断面，点位如图 4-1 所示。

图 4–1 排水渠监测点分布

小寺河、庄河、鲍码河入境水质基本稳定达到 IV 类水体要求，存在个别时段重铬酸盐指数（$CODC_r$）、总氮、总磷超标现象。进入城区后水质开始恶化，$CODC_r$、总氮、氨氮、总磷逐步升高，出境断面污染物最严重，$CODC_r$、总氮、氨氮、总磷均超过地表水 IV 类水体标准。$CODC_r$ 超标 2 ~ 5 倍，总氮超标 1 ~ 3 倍，氨氮超标 1 ~ 2 倍，总磷超标 1 ~ 2 倍，3 条河道均为劣 V 类水质。3 条河道均为轻度黑臭，个别时段为重度黑臭，黑臭指标主要为氧化还原电位（ORP）。3 条河道污染程度依次为小寺河大于庄河大于鲍码河（图 4–2）。

图 4-2 水体黑臭情况分布

4.1.1.2 排水体制基本情况

小寺河与庄河之间的老城区现状主要为合流制且并未全部截流，河道污水直排现象突出。小寺河西岸片区为分流制区域，但雨污混接严重，造成雨污水直排进入小寺河。小寺河上游、庄河东岸及鲍码河流域多为村镇，无污水收集系统，村镇内有多条沟渠，雨污水分散排入附近沟渠，最终汇入小寺河、庄河、鲍码河 3 条主要河道（图 4-3）。

经统计，庄河市中心城区已建排水管网管径在 DN300 ~ DN1500 不等，全长约 168838 m，其中合流制管渠长度约占总排水管渠长度的 55.9%，而分流制片区又存在严重的混接现象，混接率达到 62%。

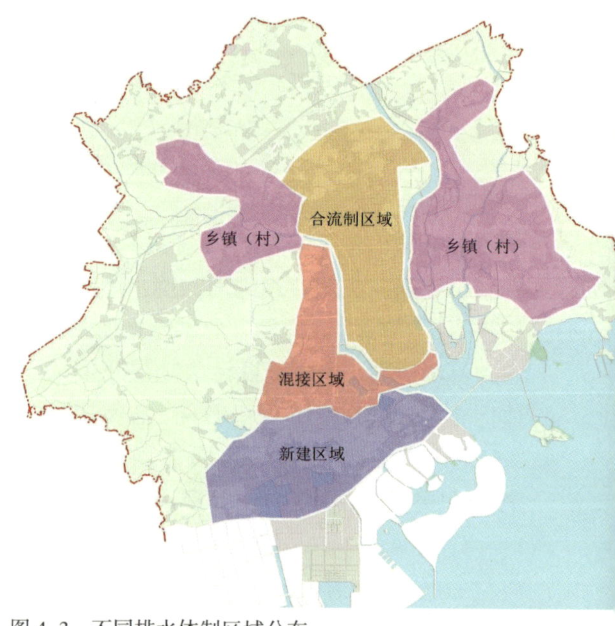

图 4-3 不同排水体制区域分布

4.1.1.3 污染源、排污口精细化排查及分析

1）小寺河流域

小寺河整个流域范围共216 km²，河长共32.06 km，小寺河属于季节性河流，山溪雨源型，雨水作为最主要水源，汛期洪水暴涨暴落，枯水期多半干涸。小寺河中心城区上游流域范围共145.5km²，上游开发强度低，多为山体和自然村落，上游河道多汇集周边山体径流，水质较好。

（1）排口普查

针对小寺河流域排口、排水支渠进行普查，共发现排口49个，其中有32个合流制直排口，7个分流制雨水直排口，10个分流制雨污直排口（图4-4）。

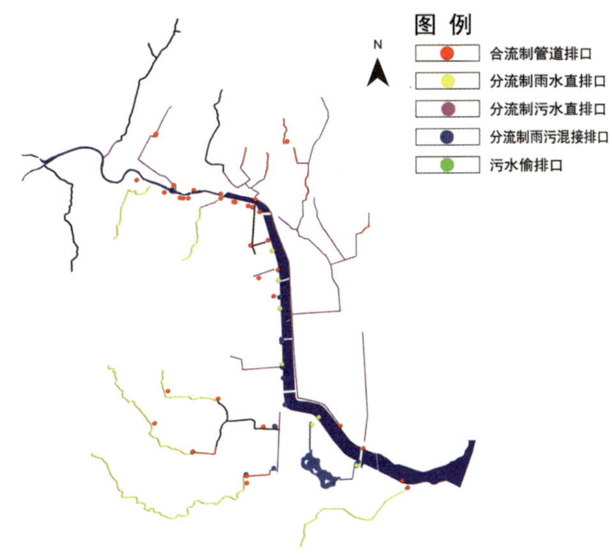

图4-4 小寺河排口普查位置

（2）污染源分析

小寺河主要污染源集中在中心城区，包括工业废水直排、农村生活污水、农业面源污染、城市雨水径流污染、城区生活污水、合流制溢流污染。西侧部分污水经污水管截流至污水处理厂，但由于雨污混接严重，大量污水仍直排排入小寺河，污染严重。东岸上游部分工业废水、农村生活污水直排，下游城区雨污水主要排入沿河暗渠，经倒虹吸接入污水处理厂，暴雨时发生合流制溢流污染，排入小寺河。小寺河主要污染源分析如图4-5所示。

小寺河中心城区汇水范围约70.5 km²，汇水区域划分如图4-6所示。

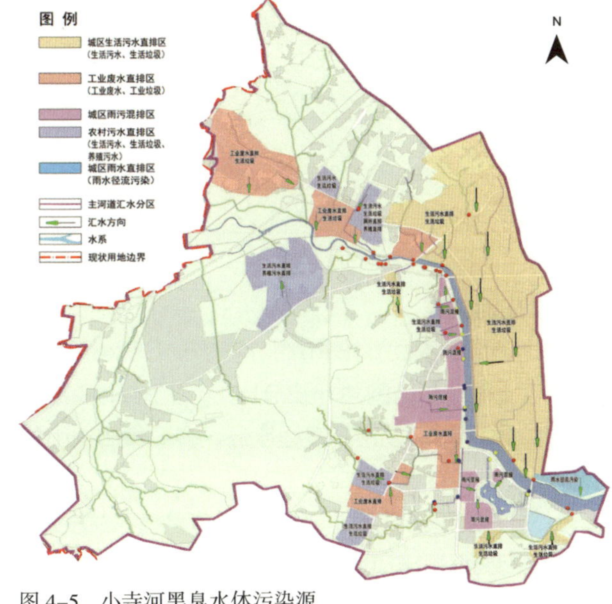

图4-5 小寺河黑臭水体污染源

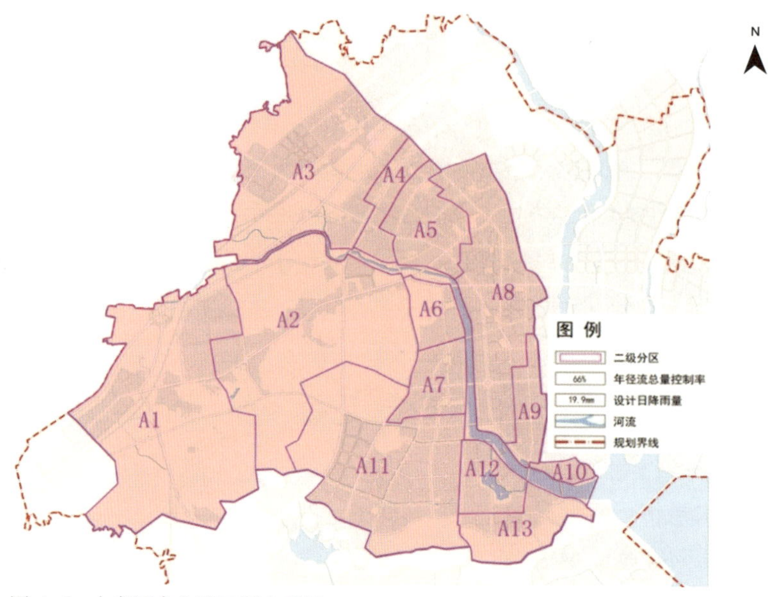

图 4-6 小寺河中心城区汇水范围

通过对小寺河不同污染源、污染物排放量进行估算，发现小寺河西岸生活污水直排、雨水径流污染、工业废水直排对小寺河污染贡献率较高，须进行重点控制（表 4-1）。

表 4-1 小寺河不同污染源污染占比

污染源	面积（hm^2）	污染物总量（COD，t/a）	污染量占比（%）	污染物总量（SS，t/a）	污染量占比（%）
工业废水直排	300	1500	18.07%	400	7.34%
农村生活污水直排	500	600	7.23%	400	7.34%
农业面源污染	800	200	2.41%	350	6.42%
城市雨水径流污染	2800	2500	30.12%	3500	64.22%
城区生活污水直排	2600	3500	42.17%	800	14.68%

2）庄河流域

庄河流域范围共 618 km^2，河长 62.35 km，庄河是季节性河流，雨水为主要水源。庄河中心城区上游流域范围共 592.9 km^2，上游有朱家隗水库，该水库为庄河主要水源，水源保护区范围共 80 km^2，上游开发强度低，多汇集周边山体径流，水质较好。

（1）排口普查

针对庄河流域排口、排水支渠进行普查，共发现排口 42 个，其中有 33 个合流制直排口、1 个分流制雨污直排口、8 个污水偷排口（图 4-7）。

（2）污染源分析

庄河主要污染源来源于中心城区，西岸主要为农村生活污水、城区生活污水（棚户区、历史街区）、工业废水直排、雨水径流直排污染；东岸主要是农村生活污水、农业面源污染散排至主要明渠排入庄河。庄河主要污染源如图 4-8 所示。

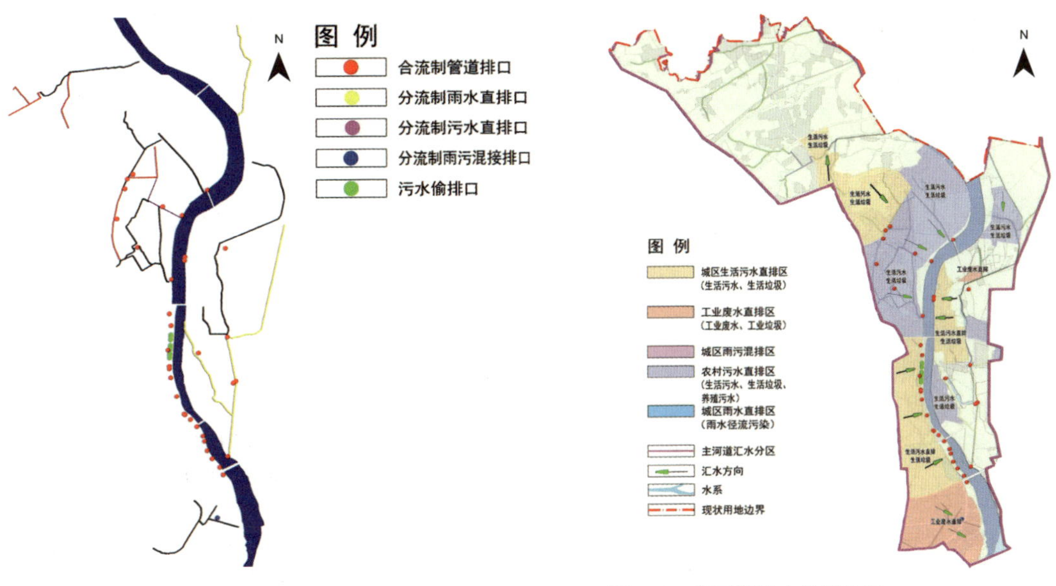

图 4-7　庄河排污口

图 4-8　庄河黑臭水体污染源

庄河中心城区汇水范围共 25.1 km^2，汇水区域划分如图 4-9 所示。

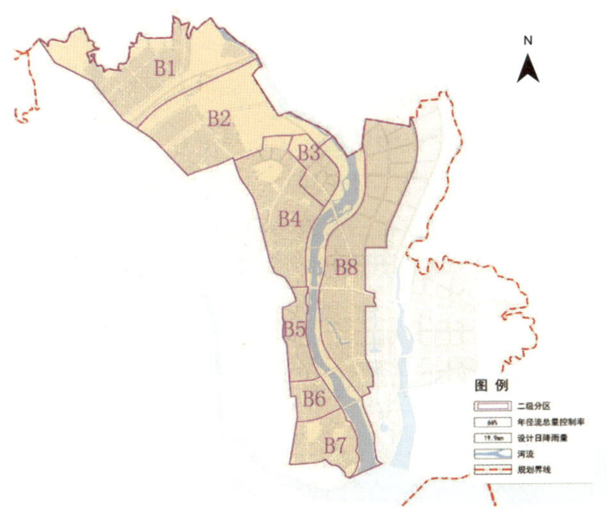

图 4-9　庄河中心城区汇水范围

对庄河不同污染源的污染排放总量进行估算，发现庄河城区生活污水直排和城市雨水径流污染贡献比例较大，且主要集中在庄河西岸，须进行重点控制（表 4-2）。

表 4-2 庄河不同污染源污染占比

污染源	面积（hm^2）	污染物总量（COD，t/a）	污染量占比（%）	污染物总量（SS，t/a）	污染量占比（%）
工业废水直排	157	800	19%	300	9%
农村生活污水直排	219	107	3%	80	3%
农业面源污染	978	334	8%	350	11%
城市雨水径流污染	1149	911	22%	1500	46%
城区生活污水直排	1011	2000	48%	1000	31%

3）鲍码河流域

鲍码河流域范围共 129 km^2，河长共 26.13 km，水源主要为干甸水库和周边山体径流，季节性河流。中心城区上游汇水范围 117.6 km^2，上游穿过多个村镇，村镇内居民生活污水、养殖废水及工业废水均对鲍码河水质产生严重影响。

（1）排口普查

针对鲍码河流域排口、排水支渠进行普查，共发现排口 2 个，均为合流制直排口（图 4-10）。

（2）污染源分析

鲍码河上游修建污水管道，主要收集庄河吴炉、兰店两乡镇的污水，排污线路基本沿河岸布置，排污管线分两条，即企业排污管线、生活排污管线，在进入中心城区后均排入鲍码河，给鲍码河带来较大的污染负荷。中心城区西侧主要污染源包括部分工业废水、农村生活污水、养殖废水和农业面源污染，东侧主要是农村生活污水、养殖污水和农业面源污染（图 4-11）。

鲍码河中心城区汇水范围为 11.4 km^2，汇水区域划分如图 4-12 所示。

图 4-10 鲍码河排污口

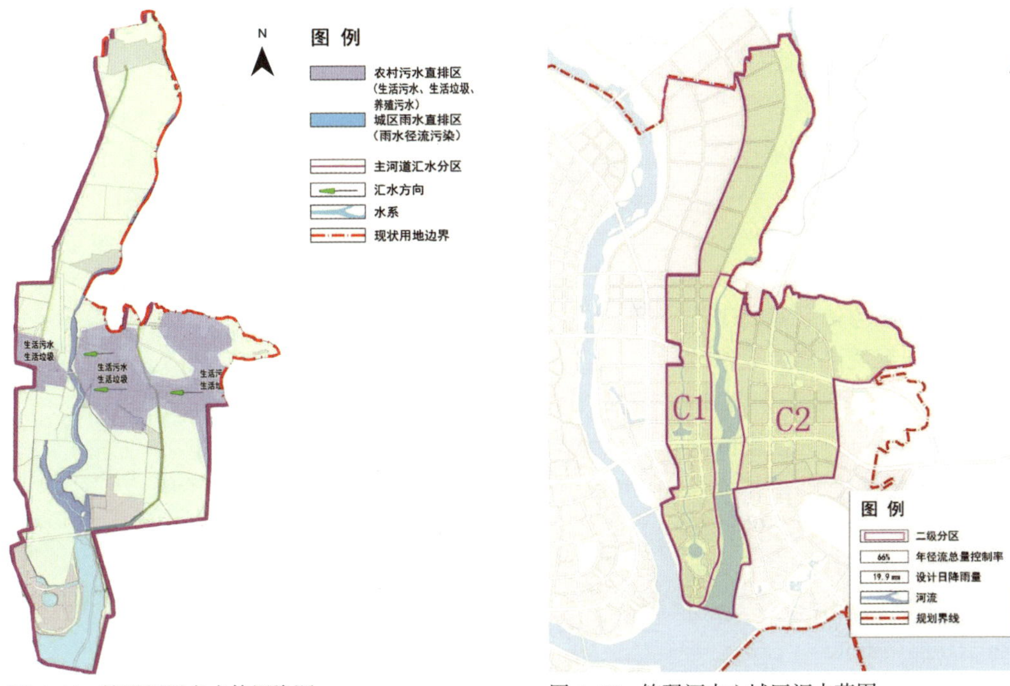

图 4-11 鲍码河黑臭水体污染源

图 4-12 鲍码河中心城区汇水范围

鲍码河除上游村镇及工业污水排放外，中心城区主要污染包括工业废水、农村生活污水，养殖废水、农业面源污染，通过对不同污染源污染占比估算，发现鲍码河东岸农村生活污水直排和养殖废水直排对鲍码河污染贡献率较高（表 4-3）。

表 4-3 鲍码河不同污染源污染占比

污染源	面积（hm^2）	污染物总量（COD，t/a）	污染量占比（%）	污染物总量（SS，t/a）	污染量占比（%）
工业废水直排	300	1300	62%	500	45%
农村生活污水直排	500	600	28%	200	18%
农业面源污染	800	200	10%	400	37%

4.1.1.4 合流制溢流污染分析

（1）合流制系统区域及运行条件分析

小寺河与庄河之间的老城区排水系统现状主要为合流制，且并未全部截流，污水直排河道现象突出，污染严重。小寺河西岸片区虽为分流制区域，但雨污混接严重，雨污水直排进入小寺河，污染严重。小寺河上游、庄河东岸及鲍码河流域多为村镇，无污水收集系统，村镇内有多条沟渠，雨污水分散排入附近沟渠，最终汇入小寺河、庄河、鲍码河3条主要河道，如图4-13所示。

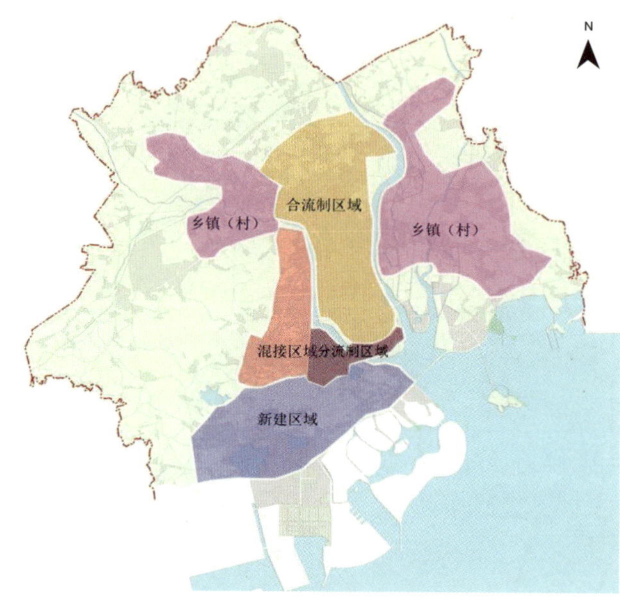

图4-13 排水体制现状

（2）降雨选择与确定

为合理预测与估算庄河市现有合流制排水系统溢流污染排放情况，采用当地2005年到2014年间实际降雨数据作为模型降雨输入数据（实测数据从每年4月1日到10月31日），以此评价庄河市合流制排水系统溢流污染量及溢流频次。2005年到2014年间降雨数据如图4-14所示。

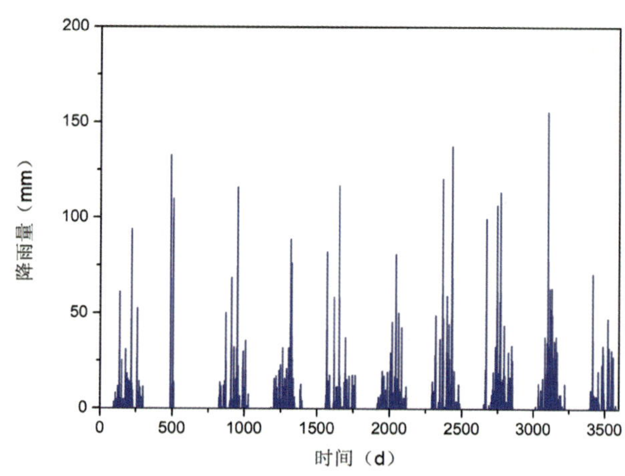

图4-14 庄河市2005年到2014年间实际降雨数据

（3）现状溢流水量排放量

针对合流制区域、混接区域及雨污水直排区域，统计2005年到2014年间各排口排放溢流水量，发现最多达$3.378\times10^8\ m^3$，最小为$1.934\times10^8\ m^3$，年际间差异较大。

由于庄河市现状混接区域雨污水均直接排入水体，小寺河东岸截污干管截流合流制区域雨污水由于现状条件导致时常溢流，故在此不讨论这些排口溢流频次问题。

（4）现状溢流污染排放量

对排口水质监测数据整理得到事件平均浓度（Event Mean Concentration，EMC）均值，同时通过排口溢流水量计算出各排口2005年到2014年间各排口年均污染物排放量（表4-4、表4-5）。

表 4-4　鲍码河不同污染源污染量

区域	COD（mg/L）	SS（mg/L）	BOD（mg/L）	NH_3-N（mg/L）	TN（mg/L）	TP（mg/L）
小寺河 2	59.68	68.80	12.23	5.32	8.32	0.84
小寺河 4	117.94	216.08	42.97	23.04	40.41	2.10
小寺河 6	61.55	108.98	14.53	15.99	28.02	1.65
小寺河 9	113.75	163.90	37.43	2.84	7.535	0.10
小寺河 10	82.59	175.73	17.36	1.54	3.07	1.03
庄河 1	28.73	111.08	6.06	5.72	8.62	0.82
庄河 3	165.40	223.37	37.40	18.56	27.93	1.61
鲍码河 1	37.09	50.69	9.52	35.21	56.09	5.32
鲍码河 3	66.11	57.14	10.81	1.36	8.50	3.43

表 4-5　不同排口主要污染物排放量统计

区域	各排口 COD 排放量（t）									
	2005 年	2006 年	2007 年	2008 年	2009 年	2010 年	2011 年	2012 年	2013 年	2014 年
小寺河 2	108.26	113.48	129.14	95.00	93.28	106.52	106.48	163.56	110.08	121.63
小寺河 4	5.23	4.89	6.36	1.49	1.70	3.49	2.01	11.73	3.35	5.63
小寺河 6	83.24	72.61	91.96	71.9	62.54	71.08	91.44	110.31	82.15	90.23
小寺河 9	995.43	906.23	1086.78	955.23	889.94	962.85	1174.58	1208.62	1088.07	1041.84
小寺河 10	43.25	55.00	62.10	49.12	46.32	54.84	58.34	88.49	57.56	61.25
庄河 1	7.28	6.98	8.49	6.34	6.02	6.54	7.18	11.08	6.82	9.29
庄河 3	53.26	61.42	52.62	40.64	39.54	53.01	42.02	93.88	54.81	61.27
鲍码河 1	4.23	6.01	7.44	2.98	2.58	4.76	6.75	16.18	5.68	5.92
鲍码河 3	48.26	37.83	69.37	41.03	35.31	42.87	56.43	93.26	49.44	66.33

续表 4-5

区域	各排口 SS 排放量（t）									
	2005 年	2006 年	2007 年	2008 年	2009 年	2010 年	2011 年	2012 年	2013 年	2014 年
小寺河 2	130.82	148.45	148.88	109.52	107.53	122.8	122.75	188.56	126.90	140.22
小寺河 4	8.97	18.42	11.65	2.72	3.11	6.39	3.69	21.50	6.14	10.32
小寺河 6	128.57	158.72	162.83	127.30	110.73	125.85	161.90	195.32	145.45	159.76
小寺河 9	1305.73	1405.33	1565.87	1376.33	1282.26	1387.31	1692.37	1741.43	1567.73	1501.12
小寺河 10	117.04	110.03	132.15	104.53	98.56	116.70	124.14	188.30	122.48	130.33
庄河 1	26.99	31.01	32.84	24.52	23.29	25.29	27.78	42.86	26.38	35.92
庄河 3	82.95	75.98	71.06	54.88	53.40	71.59	56.75	126.78	74.02	82.74
鲍码河 1	8.21	11.39	10.17	4.08	3.52	6.51	9.23	22.11	7.76	8.09
鲍码河 3	32.70	47.04	59.96	35.47	30.52	37.05	48.78	80.61	42.73	57.33
区域	各排口 BOD 排放量（t）									
	2005 年	2006 年	2007 年	2008 年	2009 年	2010 年	2011 年	2012 年	2013 年	2014 年
小寺河 2	23.25	26.39	26.46	19.47	19.12	21.83	21.82	33.52	22.56	24.93
小寺河 4	1.78	3.66	2.32	0.54	0.62	1.27	0.73	4.27	1.22	2.05
小寺河 6	17.14	21.16	21.71	16.97	14.76	16.78	21.59	26.04	19.39	21.30
小寺河 9	298.20	320.95	357.61	314.32	292.84	316.83	386.5	397.70	358.03	342.82
小寺河 10	11.56	10.87	13.05	10.32	9.73	11.52	12.26	18.60	12.10	12.87
庄河 1	1.47	1.69	1.79	1.34	1.27	1.38	1.51	2.34	1.44	1.96
庄河 3	13.89	12.72	11.90	9.19	8.94	11.99	9.50	21.23	12.39	13.85
鲍码河 1	1.54	2.14	1.91	0.77	0.66	1.22	1.73	4.15	1.46	1.52
鲍码河 3	6.19	8.90	11.34	6.71	5.77	7.01	9.23	15.25	8.08	10.85

续表 4-5

区域	各排口 NH_3-N 排放量（t）									
	2005 年	2006 年	2007 年	2008 年	2009 年	2010 年	2011 年	2012 年	2013 年	2014 年
小寺河 2	10.12	11.48	11.51	8.47	8.32	9.50	9.49	14.58	9.81	10.84
小寺河 4	0.96	1.96	1.24	0.29	0.33	0.68	0.39	2.29	0.65	1.10
小寺河 6	18.86	23.29	23.89	18.68	16.25	18.47	23.75	28.66	21.34	23.44
小寺河 9	22.60	24.32	27.10	23.82	22.19	24.01	29.29	30.14	27.13	25.98
小寺河 10	1.03	0.96	1.16	0.92	0.86	1.02	1.09	1.65	1.07	1.14
庄河 1	1.39	1.60	1.69	1.26	1.20	1.30	1.43	2.21	1.36	1.85
庄河 3	6.89	6.31	5.90	4.56	4.44	5.95	4.71	10.53	6.15	6.87
鲍码河 1	5.70	7.91	7.06	2.83	2.44	4.52	6.41	15.36	5.39	5.62
鲍码河 3	0.78	1.12	1.43	0.84	0.73	0.88	1.16	1.92	1.02	1.36

区域	各排口 TN 排放量（t）									
	2005 年	2006 年	2007 年	2008 年	2009 年	2010 年	2011 年	2012 年	2013 年	2014 年
小寺河 2	15.82	17.95	18.00	13.24	13.00	14.85	14.84	22.80	15.35	16.96
小寺河 4	1.68	3.44	2.18	0.51	0.58	1.19	0.69	4.02	1.15	1.93
小寺河 6	33.06	40.81	41.86	32.73	28.47	32.36	41.63	50.22	37.40	41.07
小寺河 9	60.03	64.61	71.99	63.28	58.95	63.78	77.81	80.06	72.08	69.01
小寺河 10	2.04	1.92	2.31	1.83	1.72	2.04	2.17	3.29	2.14	2.28
庄河 1	2.09	2.40	2.55	1.90	1.81	1.96	2.15	3.32	2.05	2.79
庄河 3	10.37	9.50	8.88	6.86	6.68	8.95	7.09	15.85	9.25	10.34
鲍码河 1	9.09	12.61	11.25	4.51	3.89	7.20	10.22	24.47	8.58	8.95
鲍码河 3	4.86	7.00	8.92	5.28	4.54	5.51	7.26	11.99	6.36	8.53

续表 4-5

区域	各排口 TP 排放量（t）									
	2005 年	2006 年	2007 年	2008 年	2009 年	2010 年	2011 年	2012 年	2013 年	2014 年
小寺河 2	1.60	1.81	1.82	1.34	1.31	1.50	1.50	2.30	1.55	1.71
小寺河 4	0.09	0.18	0.11	0.03	0.03	0.06	0.04	0.21	0.06	0.10
小寺河 6	1.95	2.40	2.47	1.93	1.68	1.91	2.45	2.96	2.20	2.42
小寺河 9	0.80	0.86	0.96	0.84	0.78	0.85	1.03	1.06	0.96	0.92
小寺河 10	0.69	0.64	0.77	0.61	0.58	0.68	0.73	1.10	0.72	0.76
庄河 1	0.20	0.23	0.24	0.18	0.17	0.19	0.20	0.31	0.19	0.26
庄河 3	0.60	0.55	0.51	0.39	0.38	0.51	0.41	0.91	0.53	0.59
鲍码河 1	0.86	1.19	1.07	0.43	0.37	0.68	0.97	2.32	0.81	0.85
鲍码河 3	1.96	2.82	3.60	2.13	1.83	2.22	2.93	4.84	2.57	3.44

4.1.2 排水防涝防潮现状及风险评估

4.1.2.1 中心城区排水管网

中心城区排水管网系统如图 4-15 所示，已建成的雨水管道、合流制管道排水能力大多数在 3 年以下。

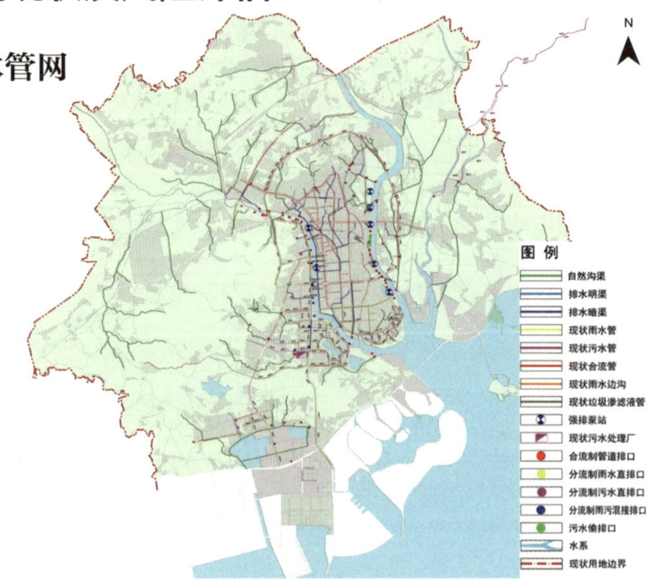

图 4-15 中心城区排水管网系统

4.1.2.2 中心城区排水渠道

中心城区排水渠道由暗渠、明渠(包括浆砌及土渠)衔接组成，如图 4-16 所示。

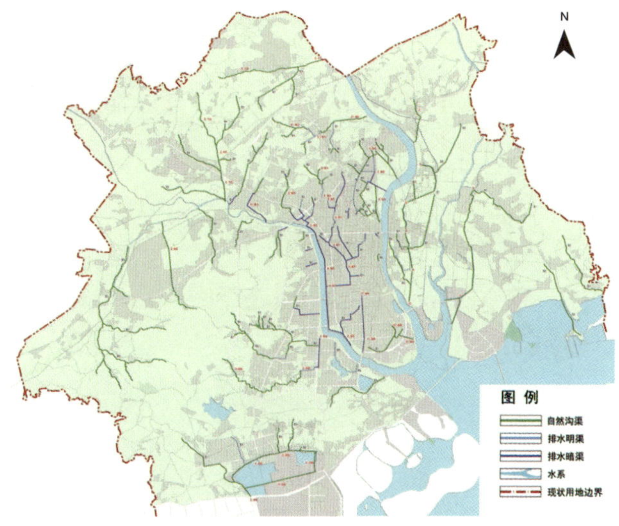

图 4-16 中心城区排水渠道

4.1.2.3 中心城区强排泵站

庄河主城区近河段地面高程低于主河道堤顶高程，遇到 5 年一遇暴雨或更高标准暴雨与潮水顶托共同作用时，城区内近河口雨水可由泵站强排至小寺河或庄河。现有泵站 7 座，其中庄河西岸 4 座，小寺河东岸 3 座，原二高东侧 1 座。

河水返流节制闸主要用于防止河水高于河两侧时而产生的河水回流淹没问题。城区共有返流节制闸 10 座。庄河两侧 3 座小寺河两侧分布 5 座，张屯水库下游滨海路下 1 座。中心城区强排泵站及节制闸分布如图 4-17 所示。

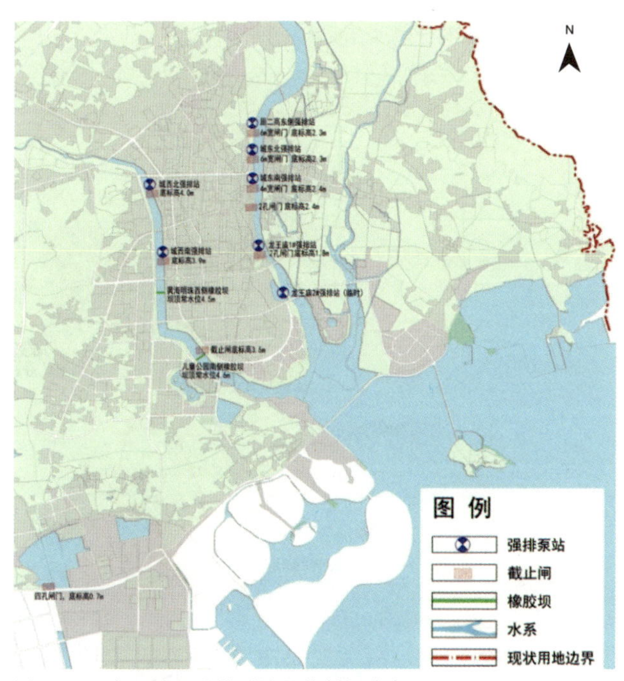

图 4-17 中心城区强排泵站及节制闸分布

4.1.2.4 流域洪涝风险区域

(1) 小寺河流域

小寺河上游(中心城区外)流域面积 148.5 km^2，是中心城区段流域面积的 2 倍，强降雨时，可产生较大径流量，洪灾危险较大。小寺河流域潮位顶托范围较大，可到黄海大街，覆盖老城区绝大部分区域，加之上游来水，极易形成内涝。小寺河流域内老城区排水体制不完善，以合流制为主，管道排水能力不足，极易产生溢流，形成内涝(图 4-18)。

图 4-18 小寺河流域洪涝潮影响分析

（2）庄河、鲍码河流域

庄河、鲍码河上游（中心城区外）流域面积分别为 592.5 km^2、117.6 km^2，分别是各自中心城区段流域面积的 24 倍、10 倍，强降雨时，可产生较大径流量，洪灾危险较大，尤其是庄河。庄河、鲍码河流域潮位顶托范围同样较大，可到黄海大街，加之上游来水，极易形成内涝（尤其庄河西岸老城区）。

庄河流域内仅西岸具有合流制管网排水体制，并且不完善，管道排水能力不足，易形成内涝；庄河右岸、鲍码河两岸无管网系统，靠沟渠排水，排水能力相对管网较高，且区域径流系数较小，内涝灾害不明显（图 4-19）。

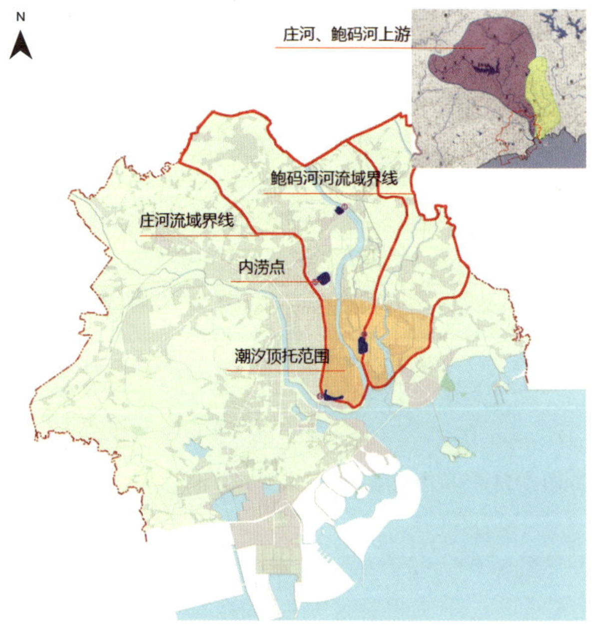

图 4-19 庄河、鲍码河流域洪涝潮影响分析

4.1.2.5 中心城区主要内涝积水点

结合庄河市近年的水患情况及通过内涝模拟分析，内涝范围基本固定在 6 处易涝点，低洼区水深淹没在 0.3 ~ 1.0 m，道路淹没最深达 0.5 m，淹没时长最长达 12 h（表 4-6）。

表 4-6 庄河市主要积水内涝点

序号	积水点	区位	积水原因	积水范围
1	李大线	试点区内	地势低洼，无排水设施，道路高于周边地块，造成雨水汇入低洼区积水	积水点位于学府花园小区东北侧区域路段 30 m 范围，最大积水深度约 50 cm
2	城关工业园	试点区内	地势低洼，排水沟渠淤堵	积水点位于工业园一号路与五号路交叉口 20 m 范围，最大积水深度约 30 cm
3	向阳路	试点区外	昌盛街路面高，向阳路路面低，现状路面低洼变形；东南侧道路管道排水能力偏小，下游主管管径仅为 DN600，且雨水口间距过大，堵塞严重；西北侧道路东西向连接管道现已完全堵塞，且汇水面积较大	积水点主要位于昌盛街与向阳路十字交叉路口东南侧、西北侧；单向积水长度大于 50 m，最大积水深度 30 cm
4	文化街	试点区外	南北向整个管道排水能力不足，道路下陷，雨水口大多堵塞	积水点主要位于向阳路与文化街交叉路口向北 100 m 范围；降雨到达一定规模时最大积水深度约 30 cm
5	新华路	试点区外	新华路东侧南北向雨水主管排水能力不足（仅为 DN400），且汇水面积大；西向排水暗渠淤堵严重，上游明渠缺乏管理，雨污水合流，周边建筑密度较大	积水点主要位于庄河市第四人民医院东南侧丁字口南北向 100 m 范围，最大积水深度约 30 cm
6	世纪大桥西北棚户区	试点区外	地势低洼，周边汇水面积较大，无排水设施	积水点位于世纪大街西北角 50 m 范围，最大积水深度约 1 m

4.1.2.6 试点区内涝风险现状分析

基于现状排水系统所构建的模型，采用 20 年一遇长历时 1440 min 暴雨强度，结合 50 年一遇潮水位进行模拟。并根据积水深度、淹没历时、淹没范围和重要程度，划分内涝高、中、低风险区。

经模拟评估，现状情况下，试点区内积水面积较大，主要分布在小寺河（试点段）的中心医院片区和将军湖片区左侧疏港路，以及庄河（试点段）的工厂区域，另外庄龙线和疏港路交会处也存在积水点。经统计，内涝总面积 0.41 km^2，且存在局部地区积水严重现象（图 4-20、图 4-21）。

图 4-20 试点区内涝等级评估现状

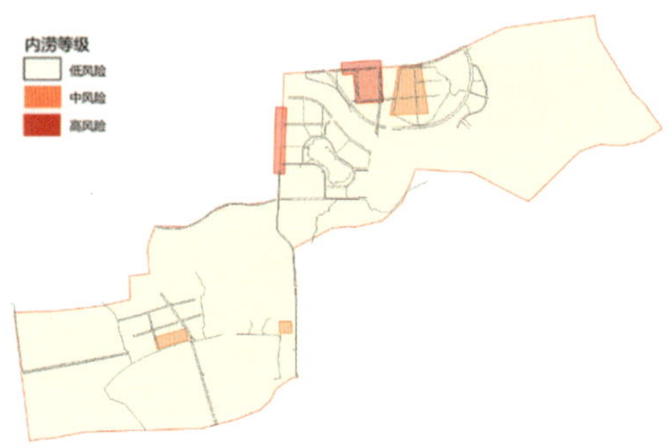

图 4-21 试点区内涝风险评估现状

另外，中心城区试点范围外，还存在 3 处积水点，即向阳路积水点，文化街积水点和新华路积水点，各积水点形成原因主要如下：

（1）向阳路积水点

昌盛街路面高，向阳路路面低，现状路面已经低洼变形；东南侧道路管道排水能力偏小，下游主管管径仅为 DN600，且雨水口间距过大，堵塞严重；西北侧道路东西向连接管道现已完全堵塞，且汇水面积较大。

（2）文化街积水点

南北向整个管道排水能力不足，道路下陷，雨水口大多堵塞。

（3）新华路积水点

新华路东侧南北向雨水主管排水能力不足（仅为 DN400），且汇水面积大；西向排水暗渠淤堵严重，上游明渠缺乏管理，雨污水合流，周边建筑密度较大。

基于排水系统现状所构建的内涝模型，采用 3 年一遇设计降雨进行模拟，得出了上述 3 个位置的内涝等级评估结果，如图 4-22 所示。

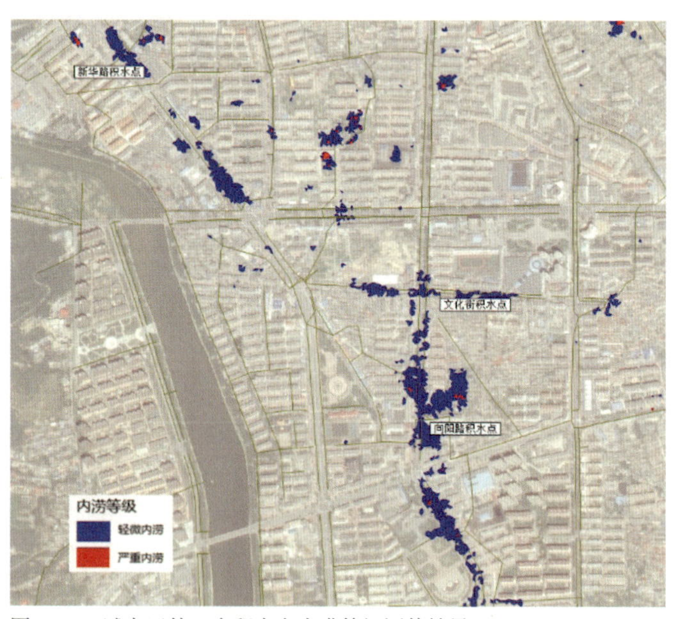

图 4-22 试点区外 3 个积水点内涝等级评估结果

4.1.3 海绵城市建设适宜性分析

4.1.3.1 建筑小区及公园绿地等

对庄河市中心城区、海绵城市建设示范区以及周围的农村居民点进行场地踏勘，踏勘范围包括了海绵城市建设示范区、规划在建区、老城区、棚户区。对建筑及小区进行总体踏勘后，分析得出地块海绵城市建设的适宜性评估（图 4-23）。

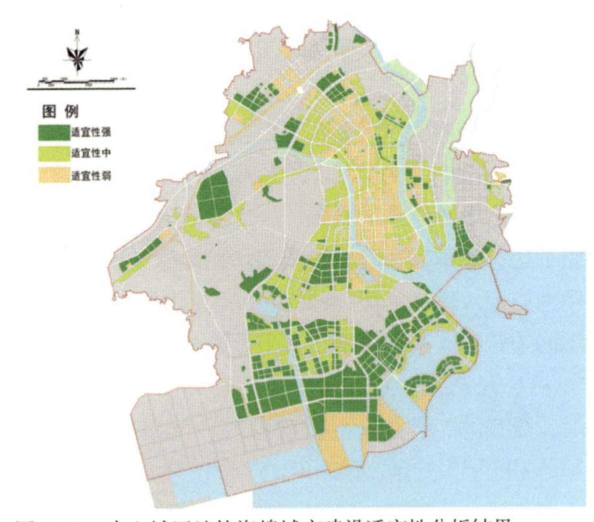

图 4-23 中心城区地块海绵城市建设适宜性分析结果

1）居住区

（1）近年新建（在建）小区

这类小区主要集中在世纪大街以南区域，延安路以西区域和将军湖周边居住区域；小区建设环境优美，绿地空间充足，植被良好，绿地多为高位绿地，周边道路和广场的雨水难以排入绿地；道路和广场的铺装绝大部分为不透水铺装，雨水排入小区雨水管网内；小区建筑屋顶绝大部分为坡屋顶，雨落管多为外排，部分小区的建筑雨落管是外接内排到地下水道内，建筑周边多为绿地。

（2）近 10 年建设小区

这类小区主要集中在昌盛街以南区域，世纪大街以北的区域和疏港路以西的区域；这类小区建设环境良好，绿地空间相对充足，由于植物栽种时间长，乔木较为茂盛，但绿地也多为高位绿地，周边道路和广场的雨水难以排入绿地；道路和广场的铺装多为不透水铺装，雨水排入小区雨水管网内；小区建筑屋顶多为坡屋顶，雨落管多为外排，大部分小区建筑周边多为硬化铺装，作为停车场或者公共活动场所。

（3）老旧小区

这类小区主要集中在昌盛街以北区域，黄海大街以南；由于建设时间长，小区环境相对较差，铺装面积大，因管理不善，绿地空间不足且侵占严重；道路和广场的铺装为不透水铺装，且部分破损严重；小区建筑屋顶多为平屋顶，雨落管多为外排，部分小区建筑无雨落管，但建筑周边多为硬化铺装。

（4）棚户区、农村居民点

这类居住点主要集中在庄河以西区域，延安路以东区域和 201 国道以北区域；这类居住点为庄河市最早的居民聚集点之一，由于建设时间较长，建筑多为一层平房，有院落，建筑密度大，建设混乱，道路多为水泥路或者土路；无绿地可言，空闲的地方多为杂草或者菜地。

2）公共区

（1）商业

庄河市中心城区的商业区，硬化面积大，多作为停车场和活动空间，绿化面积严重不足，建筑多为平屋顶，雨水管多为外排形式，以散排的形式排至周边的硬化铺装上。

（2）学校

庄河市中心城区现有第二实验小学、新华路小学、明星小学、第三十初级中学、第二高级中学、第六高级中学和庄河市高级中学。早年建设的学校，建筑多为平屋顶，雨落管多为外排形式，由于多年建设发展，户外空间多变为硬化铺装，作为操场和公共活动空间，绿地空间严重不足，如第二实验小学、新华路小学、明星小学、第三十初级中学；近年新建的学校，建设用地充足，环境优美，绿地空间也相对充足，而绿地多高于周边道路，道路径流雨水无法排入绿地内，建筑多为平屋顶，雨落管多为外排形式，且以散排的形式排至建筑周边绿地居多。

（3）工厂

现有的工厂主要分为两类：第一类以疏港路以西的工厂为主，为近年新建工厂，占地面积大，绿地空间相对充足，预留用地多种植草木，如大连乾亿重工有限公司、大连德茂机械有限公司、大连红星食品有限公司、大连华特家具有限公司和大连科强食品公司等；第二类以城关园区的工厂为主，多为早年建设的工厂，当时用地紧张，场内硬化面积大，绿地空间很少或者几乎没有。

（4）公园绿地

庄河市目前有 3 个森林公园（九顶梅花山森林公园、观驾山森林公园、老金山森林公园）和 3 个城市公园广场（新华广场、五一广场、世纪广场）和在建的将军湖公园与明珠湖公园，在后期的规划建设中还将建设中央公园、西山公园、张屯公园、金山公园等综合公园。3 个森林公园的整体环境较好，生态系统完善，开发强度不大，但由于修建上山道路，造成部分山体岩石裸露；现有的 3 个城市公园广场形式感强，绿地植被完善，可适当改造，将广场硬化铺装上的雨水导入到绿地内，但公园整体高于周边的市政道路，无法将周边用地的雨水收集到公园绿地内。建设相对完善的将军湖公园有可调蓄水体和比较自然的绿地，但多为高位绿地，有雨水管将周边用地的雨水排到水体内，目前水体有轻微的黑臭问题；在建的明珠湖公园绿地还不完善，后期可适当改造，以便于收纳周边用地的雨水。

4.1.3.2 城市道路

在中心城区市政道路踏勘的过程中，将道路分为公路、城市主干道、城市次干道、城市支路四类进行分析。分析得出道路海绵城市建设的适宜性评估（图 4-24）。

（1）公路

穿过中心城区的公路主要有北侧的 201 国道和南侧的滨海公路，201 国道机动车道现为

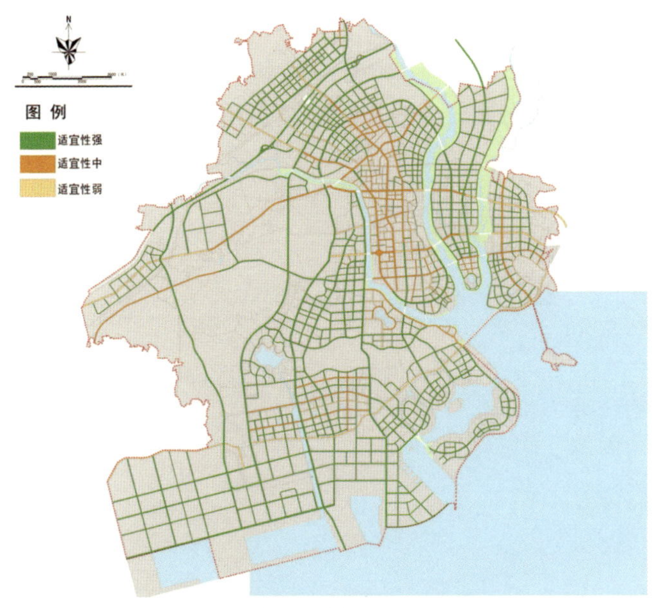

图 4-24 中心城区道路海绵城市建设适宜性分析结果

双向四车道，通过 2 ~ 3 m 的绿化隔离带与非机动车道分开，但道路两侧的人行道多被周边的建设用地侵占，作为停车场或活动场地。

滨海公路车行道现为双向四车道，无绿化隔离带，车行道两侧是 3m 左右的人行道。

（2）城市主干道

目前中心城区的城市主干道纵向道路主要有庄打路、疏港路、新华路、向阳路、延安路和一环路，横向道路主要有二环路、一环路、黄海大街、昌盛街、世纪大街、建设大街和锦绣大街。主干道横断面主要分为 3 种类型：第一种是一块板道路，无道路隔离带，道路两边有绿化带，但绿化带竖向相对道路较高，道路雨水无法排入绿地内，这类道路有二环路、一环路、庄打路、疏港路、延安路、昌盛街、世纪大街和锦绣大街；第二种是两块板道路，车行道和两侧的非机动车道用宽 3 m 左右的绿化隔离带分开，隔离带竖向相对道路较高，道路雨水无法排入绿地内，道路两侧部分路段有绿化带，这类道路有新华路和黄海大街；第三种是两块板道路，机动车道中间有 3 ~ 4 m 宽的绿化隔离带，隔离带竖向相对道路较高，道路雨水无法排入绿地内，道路两侧部分路段有绿化带。

（3）城市次干路、支路

庄河老城区的城市次干路、支路绝大部分都为一块板道路，无道路隔离带和绿化带，雨水都排入市政管渠内，将军湖周边的部分道路两侧有 5 ~ 10 m 宽的道路绿化带，但绿化带竖向相对道路较高，雨水无法排入绿地内。

4.1.4 分析方法与模型率定验证

对水体污染、排水防涝、水资源、海绵城市建设适宜性等现状条件、存在问题及风险进行定量化分析，采取现场调研、监测测量、模型分析等科学分析方法，以问题为导向，根据分析结果提出针对性系统解决方案。通过构建排水管网系统模型、二维地表漫流模型、雨水径流控制系统模型进行耦合分析，并对模型进行率定验证，确保模型分析结果的科学性与准确性。

4.1.4.1　模型率定与验证方法

率定参数主要为产汇流模型中的待定参数。率定过程以降雨事件对应的河道排口实测流量数据为依据，采用纳什效率系数评价模型的模拟效果。纳什效率系数是用来评价模型模拟精度的指标，具体公式为：

$$E = 1 - \frac{\sum_{i=1}^{n}(y_i - y_{i0})^2}{\sum_{i=1}^{n}(y_i - y_p)^2}$$

式中：E——纳什效率系数，其变化范围在 -∞ ~1 之间，值越大表示模拟效果越好，当 ENS 小于 0 时表示模拟精确度较差；

y_i ——实测值；

y_{i0} ——模拟值；

y_p ——实测值的均值；

n ——数据序列长度。

《海绵城市建设评价标准》中规定模型参数率定与验证的纳什效率系数不得小于 0.5，本模拟将以此为模型参数率定与验证的标准。

4.1.4.2　模型参数率定

（1）李屯排水渠河道排口

李屯排水渠河道排口的监测数据为 2019 年 8 月 11 日的降雨及对应的排口流量数据，数据基本情况见表 4-7。降雨数据间隔 1 min，流量数据间隔 1 min。

表 4-7　降雨数据（2019-08-11—2019-08-12）

起始时间	终止时间	降雨总量（mm）	降雨历时（min）	最大一小时降雨量（mm）
11 日 17:58	12 日 12:06	73	1088	11.8

在该场次降雨下，实测流量与模拟结果对比如图 4-25 所示。

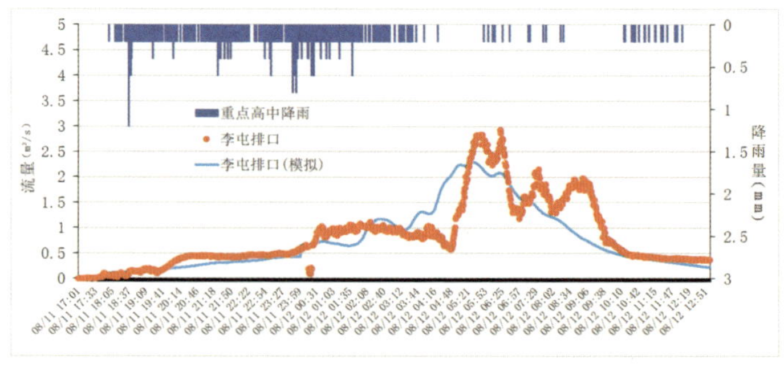

图 4-25　李屯排水渠河道排口实测流量和模拟结果对比（2019-08-11）

在该场次降雨下，实测流量与模拟结果间的纳什效率系数见表 4-8，满足大于 0.5 的要求。

表 4-8 实测流量与模拟结果对比（2019-08-11）

内容	模拟值	监测值
总量（m^3）	54268.900	59390.300
峰值（m^3/s）	2.291	2.927
纳什效率系数	0.662	

（2）将军湖出水渠河道排口

将军湖出水渠河道排口的监测数据选择 2019 年 8 月 27 日的降雨及对应的排口流量数据，数据基本情况见表 4-9。降雨数据间隔 1 min，流量数据间隔 1 min。

表 4-9 降雨数据（2019-08-27）

起始时间	终止时间	降雨总量（mm）	降雨历时（min）	最大一小时降雨量（mm）
5:16	6:56	15.6	100	9.6

在该场次降雨下，实测流量与模拟结果对比如图 4-26 所示。

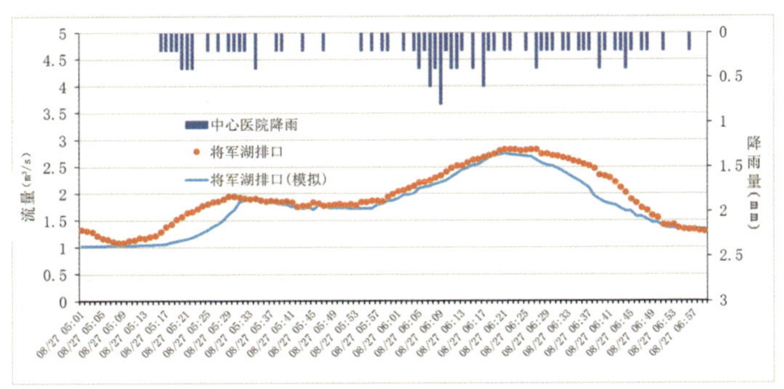

图 4-26 将军湖出水渠河道排口实测流量和模拟结果对比（2019-08-27）

在该场次降雨下，实测流量与模拟结果间的纳什效率系数见表 4-10，满足大于 0.5 的要求。

表 4-10 实测流量与模拟结果对比（2019-08-27）

内容	模拟值	监测值
总量（m^3）	12718.200	13861.300
峰值（m^3/s）	2.752	2.825
纳什效率系数	0.818	

（3）延安路东侧河道排口

延安路东侧河道排口的监测数据为 2019 年 8 月 3 日的降雨及对应的排口流量数据，数据基本情况见表 4-11。降雨数据间隔 1 min，流量数据间隔 1 min。

表 4-11　降雨数据（2019-08-03）

起始时间	终止时间	降雨总量（mm）	降雨历时（min）	最大一小时降雨量（mm）
9:58	11:46	27	108	18.4

在该场次降雨下，实测流量与模拟结果对比如图 4-27 所示。

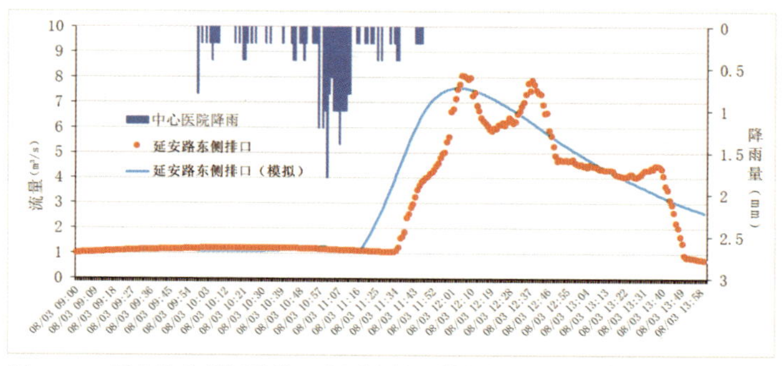

图 4-27　延安路东侧河道排口实测流量和模拟结果对比（2019-08-03）

在该场次降雨下，实测流量与模拟结果间的纳什效率系数见表 4-12，满足大于 0.5 的要求。

表 4-12　实测流量与模拟结果对比（2019-08-03）

内容	模拟值	监测值
总量（m^3）	58223.500	51582.800
峰值（m^3/s）	7.593	8.067
纳什效率系数	0.767	

（4）庄河入海口河道排口

庄河入海口河道排口的监测数据为 2019 年 8 月 3 日的降雨及对应的排口流量数据，数据基本情况见表 4-13。降雨数据间隔 1 min，流量数据间隔 1 min。

表 4-13 降雨数据（2019-08-03）

起始时间	终止时间	降雨总量（mm）	降雨历时（min）	最大一小时降雨量（mm）
10:11	12:03	29.4	112	20.8

在该场次降雨下，实测流量与模拟结果对比如图 4-28 所示。

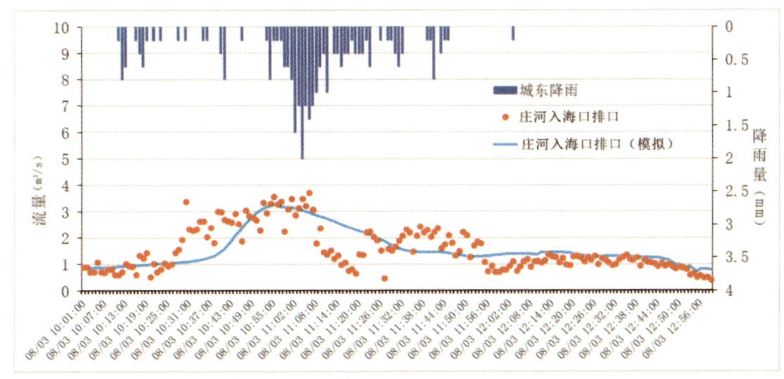

图 4-28 庄河入海口河道排口实测流量和模拟结果对比（2019-08-03）

在该场次降雨下，实测流量与模拟结果间的纳什效率系数见表 4-14，满足大于 0.5 的要求。

表 4-14 实测流量与模拟结果对比（2019-08-03）

内容	模拟值	监测值
总量（m^3）	16812.400	16595.800
峰值（m^3/s）	3.303	3.716
纳什系数	0.512	

4.1.4.3 模型参数验证

（1）万达广场河道排口

万达广场河道排口的监测数据为 2019 年 8 月 3 日的降雨及对应的排口流量数据，数据基本情况见表 4-15。降雨数据间隔 1 min，流量数据间隔 1 min。

表 4-15 降雨数据（2019-08-03）

起始时间	终止时间	降雨总量（mm）	降雨历时（min）	最大一小时降雨量（mm）
9:58	11:46	27	108	18.4

在该场次降雨下，实测流量与模拟结果对比如图 4-29 所示。

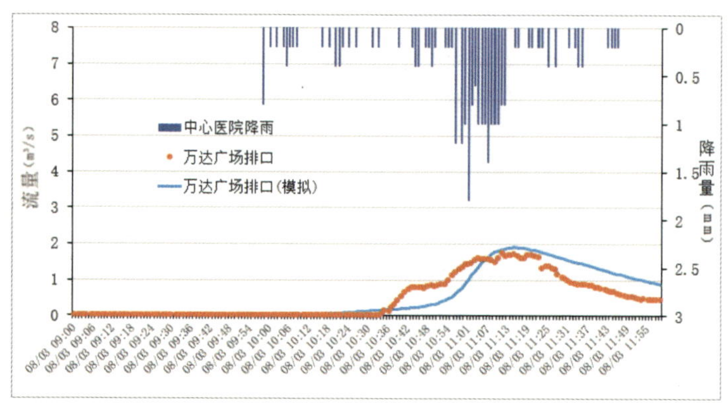

图 4-29 万达广场河道排口实测流量和模拟结果对比（2019-08-03）

在该场次降雨下，实测流量与模拟结果间的纳什效率系数见表4-16。

表 4-16 实测流量与模拟结果对比表（2019-08-03）

内容	模拟值	监测值
总量（m^3）	5821.600	13948.200
峰值（m^3/s）	1.904	2.175
纳什效果系数	0.732	

（2）东方水岸东侧河道排口

东方水岸东侧河道排口的监测数据为 2019 年 8 月 3 日的降雨及对应的排口流量数据，数据基本情况见表 4-17。降雨数据间隔 1 min，流量数据间隔 1 min。

表 4-17 降雨数据（2019-08-03）

起始时间	终止时间	降雨总量（mm）	降雨历时（min）	最大一小时降雨量（mm）
10:11	12:03	29.4	112	20.8

在该场次降雨下，实测流量与模拟结果对比如图 4-30 所示。

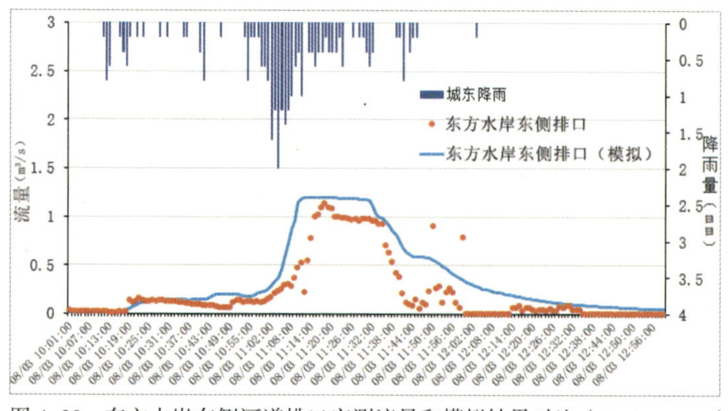

图 4-30 东方水岸东侧河道排口实测流量和模拟结果对比（2019-08-03）

在该场次降雨下，实测流量与模拟结果间的纳什效率系数见表 4-18。

表 4-18 实测流量与模拟结果对比（2019-08-03）

内容	模拟值	监测值
总量（m^3）	3835.900	973.800
峰值（m^3/s）	1.200	0.982
纳什效率系数	0.520	

（3）将军湖二号路幼儿园道路排口

将军湖二号路幼儿园道路排口的监测数据选择 2019 年 8 月 11 日的降雨及对应的排口流量数据，数据基本情况见表 4-19。降雨数据间隔 1 min，流量数据间隔 1 min。

表 4-19 降雨数据（2019-08-11）

起始时间	终止时间	降雨总量（mm）	降雨历时（min）	最大一小时降雨量（mm）
1:32	2:30	10.8	58	10.8

在该场次降雨下，实测流量与模拟结果对比如图 4-31 所示。

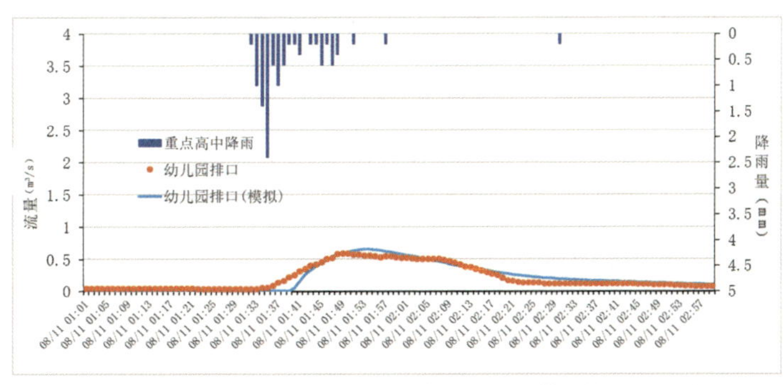

图 4-31 将军湖二号路幼儿园道路排口实测流量和模拟结果对比（2019-08-11）

在该场次降雨下，实测流量与模拟结果间的纳什效率系数见表 4-20。

表 4-20 实测流量与模拟结果对比(2019-08-03）

内容	模拟值	监测值
总量（m^3）	1513.700	1 474.800
峰值（m^3/s）	0.647	0.590
纳什效率系数	0.896	

4.1.4.4 率定验证后模型参数值

通过上述模型的率定和验证过程，最终模型所采用的水文参数见表 4-21。

表 4-21 率定后水文参数

下垫面类型	径流模型	系数			汇流模型	汇流参数（曼宁 *N* 值）
屋面	固定径流系数	0.850			SWMM	0.020
道路	固定径流系数	0.900			SWMM	0.013
绿地	霍顿渗透模型	初渗率（mm/h）	稳渗率（mm/h）	衰减率（1/h）	SWMM	0.100

4.2 规划创新

4.2.1 基于海绵城市专项规划的海绵规划体系建设

城市总体规划修编应结合海绵城市的规划理念与方法，纳入庄河市海绵城市建设的总体目标，确定海绵城市建设的总体策略与原则，明确海绵城市近期与远期建设范围，针对海绵城市建设目标提出用地总体布局及相关要求，落实源头径流控制系统、排水管渠系统、超标雨水径流排放系统综合系统构建的指标及用地要求。

控制性详细规划应在海绵城市总体目标的要求下，明确各地块海绵城市建设具体控制目标及要求，优化建筑密度、绿地率等地块常规指标，增加各地块年径流总量控制率为海绵城市建设的约束性指标，纳入地块规划设计要点，作为土地开发建设的规划设计条件；落实用地布局调整具体要求，优化竖向规划，明确道路行泄通道与调蓄空间具体布局（表 4-22）。

表 4-22 海绵城市建设与城市总体规划、控制性详细规划主要衔接要点

类目	总规	控规
海绵城市建设范围	2020—2035 年范围	各个管控片区建设要求与建设范围
源头控制系统	总体源头控制要求，管控片区源头控制要求	各个开发地块源头控制要求及相应绿化率调整
排水管渠系统	总体小排水系统控制要求原则；新建、改建区涉及重大竖向、用地调整	新建片区雨水管网要求：3~5 年； 改造片区：增加调节容积（源头与末端），增加道路周边绿地组织排水系统
超标雨水蓄排系统	30 ~ 50 年暴雨涉及重大竖向用地调整：南部海港工业区等	主要行泄通道绿地调整； 主要调蓄水体绿地调整与调蓄容积要求局部用地调整

4.2.2　海绵城市规划管控在总体规划中的落地

（1）近远期海绵城市建设范围与建设目标

2016—2020 年海绵城市建设近期规划范围为 24.8 km²，建设用地面积为 16.3 km²，占 2020 年中心城区建设用地面积的 32.6%；2021—2035 年海绵城市建设远期规划范围为 75.1 km²，建设用地面积为 58.0 km²，占 2035 年中心城区建设用地面积的 80.5%（图 4-32）。

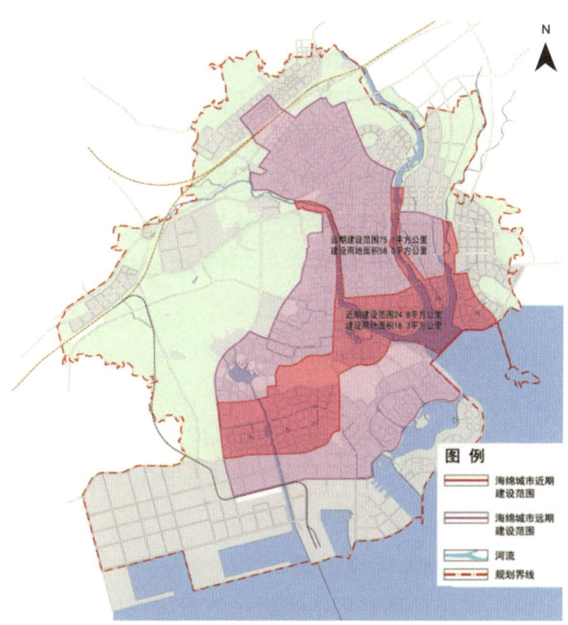

图 4-32　庄河海绵城市近远期建设范围示意

综合考虑城市总体规划用地布局、城市不同区域特点及海绵城市建设中需重点解决的问题和目标要求及各地块用地性质、问题与目标需求、项目类型及开发建设等情况进行管控片区的划分，最终在排水分区的基础上划分为小寺河流域、庄河流域、鲍码河流域、西部汇水区、西南汇水区、南部汇水区、东部汇水区 7 个一级汇水区（图 4-33）。

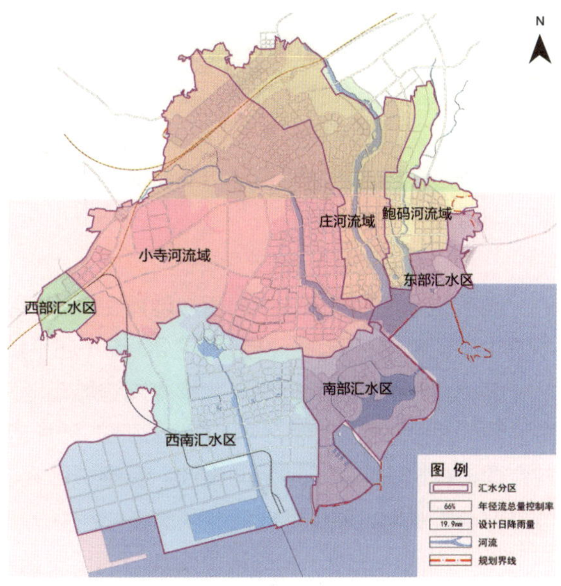

图 4-33　一级汇水区分布

（2）海绵城市总体指标纳入

在城市总体规划中提出海绵城市的规划建设理念与方法，纳入庄河市海绵城市建设的总体目标与建设指标体系。

①年径流总量控制率总体达到 75% 以上。2020 年城市中心城区中需要达到海绵城市目标的面积占全市建成区面积的比例超过 25%。2030 年城市中心城区中需要达到海绵城市目标的面积占全市建成区面积的比例超过 80%。2035 年市域范围全面推广海绵城市建设。

②城市排水雨水管网：一般地段雨水管道设计重现期为 3 年，重点地区、地势低洼地区、重要道路交叉口为 5 年。排水渠排水标准采用 20 年一遇。排水泵站的排水标准采用排水渠相同的标准，即 20 年一遇。

③内涝防治应能有效应对不低于 20 年一遇的暴雨。

④主要河道防洪标准应达到 50 年一遇。

⑤防潮标准为 50 年一遇。

⑥水体环境达到《地表水环境质量标准》（GB 3838—2002）中的Ⅳ类标准及以上。

⑦规划水域面积率不低于现状水域面积率的 11.9%。

⑧污水再生利用率不低于 30%。

（3）源头径流控制系统

根据控制目标和现状用地径流控制情况，确定汇水分区年径流总量控制率和相对应的设计降水量（图 4-34）。

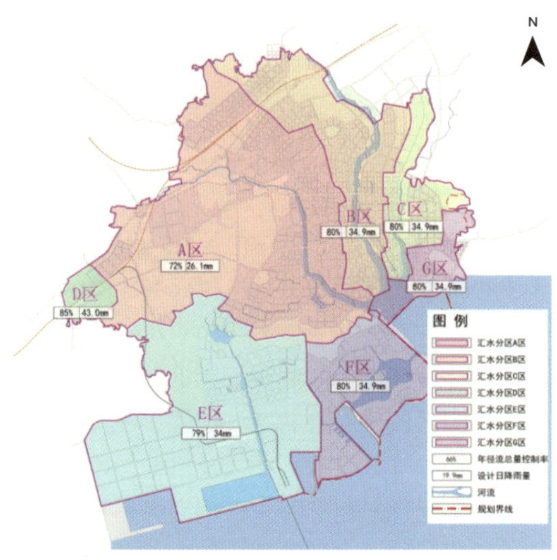

图 4-34　汇水分区年径流总量控制率指标分解

（4）排水管渠系统

在城市总体规划中明确排水管渠系统的建设指标及建设模式。主要包括：

①新建片区雨水管网建设为 3 ~ 5 年一遇，建设完善的雨污分流体制。

②已建片区优先采用绿色基础设施改造、节点调节设施改造、末端调节设施改造，综合排水能力达到 3 ~ 5 年排水标准；已建城区近期应完善截流式合流制排水体制，避免污水直排，远期应逐步实现雨污分流。

③通过设置合流制调蓄池控制合流制溢流污染，控制合流制溢流频次，合流制溢流年均频率达到每年 10 次以下。

（5）超标雨水径流排放系统

落实超标雨水径流行泄通道与调蓄空间的指标及用地要求，主要包括：

①庄河市内涝防治标准应满足 20 年一遇不积水的要求。

②地块的规划控制标高，应参考周边城市道路的标高确定，保证地块的规划高程比周边道路的最低路段高程高出 0.2 m 以上。建筑的地坪应比周边道路的最低路段高程高出 0.6 m 以上。并合理进行地块内的场地竖向设计。新建城区竖向规划应避免道路逆坡，同时优化道路交叉口等局部地段竖向，避免形成低洼区。

③小寺河、庄河、鲍码河及南部填海区主要水系两侧应预留至少 50 m 宽的绿化带空间。庄河市南部填海区应预留区域总面积的 10% 作为绿地调蓄空间。

④以二级排水分区为计算单元模拟计算 20 年一遇暴雨发生时需增加的排涝调蓄空间（图 4-35）。

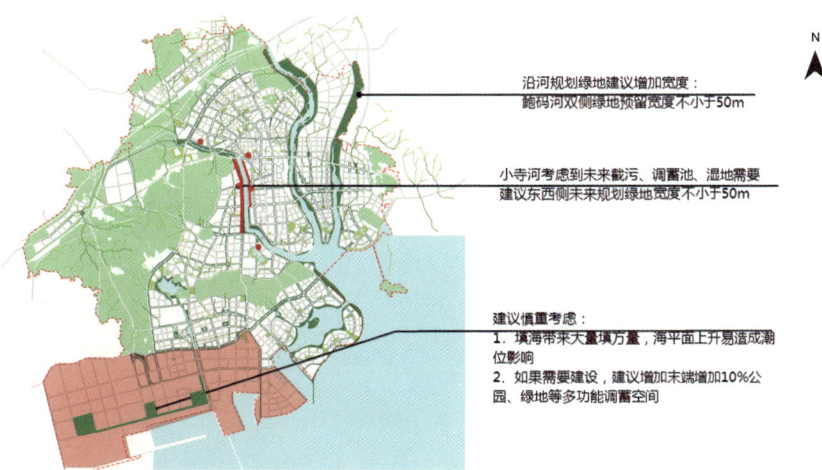

图 4-35　超标雨水径流排放系统用地要求

（6）空间管制总体要求

海绵城市建设应遵循生态优先等原则，优先保护和修复城市原有的生态系统，对生态安全格局所确定的自然保护区、水源地保护区、林地、基本农田、森林保护区、水系、湿地、历史文化保护区等生态敏感区和根据防洪、径流控制要求明确的调蓄空间、设施布局等提出空间管制要求。具体管制要求如下：

①林地保护区、水源地保护区，以及排洪排涝水系、调蓄水体、河流防洪堤坝内区域等作为禁建区。

②滨水绿地及雨水管网排口周边绿地应作为限建区。

③作为调蓄空间的大型集中公共绿地应作为限建区。

④汇水末端低洼区域宜作为限建区。

⑤主干路绿廊空间宜作为限建区。

海绵城市建设空间管制情况如图4-36所示。

图 4-36　海绵城市建设空间管制情况

4.2.3　海绵城市规划管控在控制性详细规划中的落地

1）源头径流控制系统

（1）二级汇水分区控制指标

在管控分区与汇水分区指标分解的基础上，基于二级汇水分区建设条件，确定二级汇水分区年径流总量控制率与对应设计降水量（图 4-37 ~图 4-39）。

（2）地块控制指标

①强制性指标：地块控制指标中加入年径流总量控制率，并明确将该指标作为土地开发的规划设计条件。

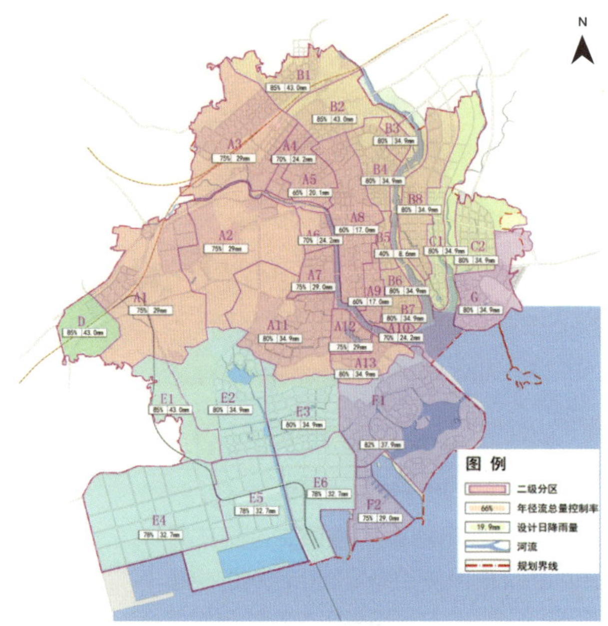

图 4-37　二级汇水分区年径流总量控制率与设计降水量

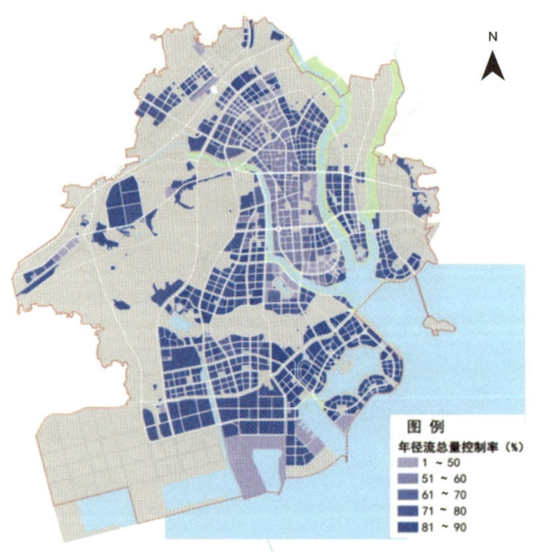

图 4-38　年径流总量控制率地块指标分解

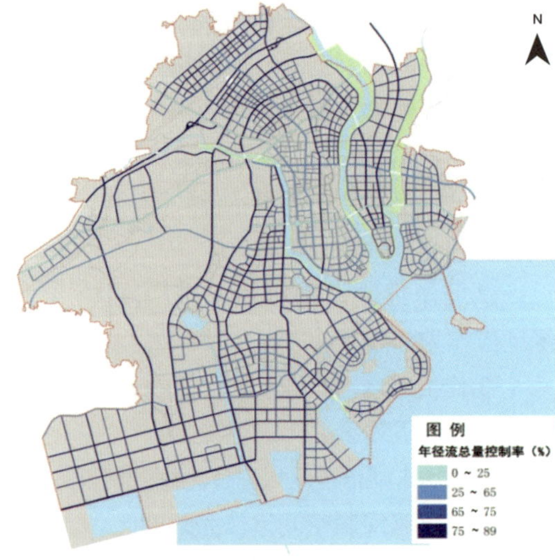

图 4-39　年径流总量控制率道路指标分解

②引导性指标：提出将各地块下沉式绿地率、年径流污染物（SS）总量去除率作为引导性指标（图 4-40 ~图 4-42）。

图 4-40 下沉式绿地率地块指标分解

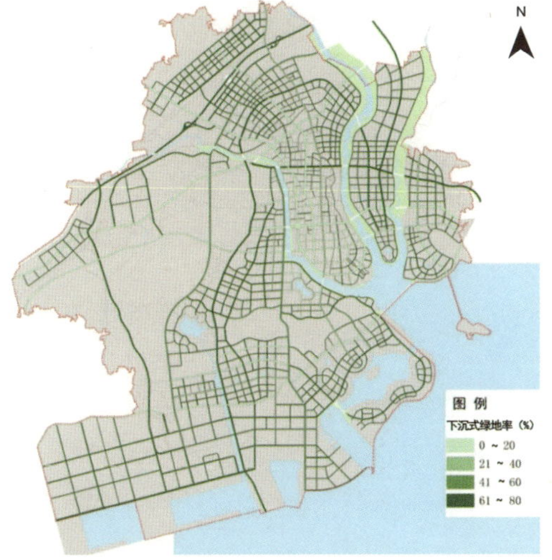

图 4-41 下沉式绿地率道路指标分解

图 4-42 年 SS 总量去除率地块指标分解

2）排水管渠系统

明确中心城区排水分区，近期建设区排水分区，远期排水管网系统。排水管渠划分采取“优先管网集中排放”的原则，集中排口区域应设置集中绿地，以满足集中调蓄用地需求（图 4-43 ~图 4-45）。

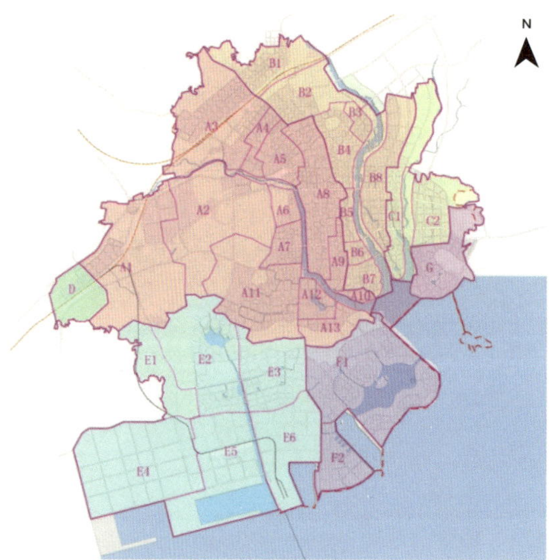

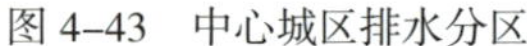
图 4-43 中心城区排水分区

图 4-44 中心城区雨水管渠系统远期规划

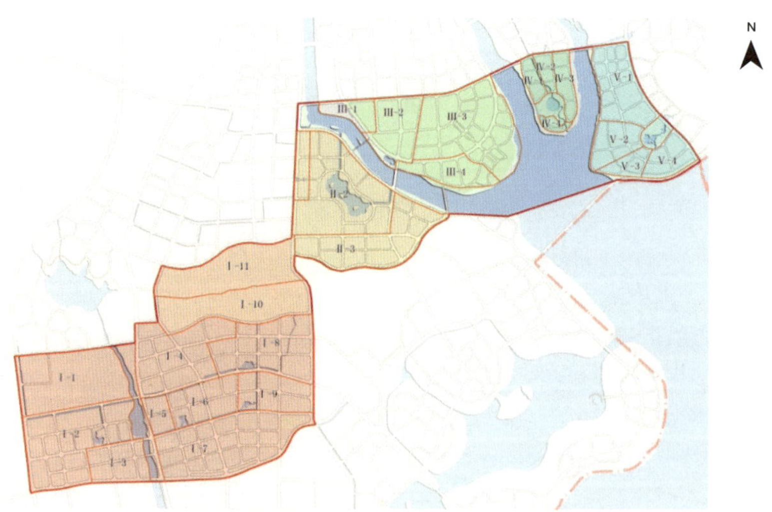

图 4-45 近期建设区排水分区划分示意

3）超标雨水径流排放系统

（1）河道及沟渠断面

河道断面需满足 50 年一遇洪峰流量设计要求，小寺河 50 年一遇洪峰流量为 1711 m^3/s，庄河 50 年一遇洪峰流量为 2939 m^3/s，鲍码河 50 年一遇洪峰流量为 1120 m^3/s。

沟渠断面需满足 20 年一遇洪峰流量设计要求。利用预留滨水空间建设雨水塘、雨水湿地等设施进行末端调蓄控制，设计模式如图 4-46 所示。

图 4–46 主要水系横断面设计模式

（2）竖向要求

城市竖向规划需要考虑的是对路段坡向的系统控制，以避免超标雨水径流难以排入受纳体，而在低洼的交叉口或路段频繁积水甚至内涝；需要增加的规划建设管控内容为超标雨水径流汇集路径，其中超标雨水径流沿路段的汇集路径可由路面坡向确定，但超标径流通过交叉口的路径以及超标雨水径流排入受纳体的排水出口，需要根据超标径流在路面的主要流动方向、受纳体的位置以及相交道路的等级等因素综合确定，并且应遵循超标雨水径流就近排放、分散排放的原则，尽量避免迂回绕行，形成合理的超标雨水径流汇集系统。

除了规划受纳体附近以及能够通过相交道路向外输送超标雨水径流的交叉口之外，其他路段和交叉口处不得形成低洼段，超标径流应能够在重力的作用下沿路面安全汇集到规划的受纳体中加以排除或调蓄。此外，道路交叉口的竖向设计也要落实超标径流汇集路径的设置要求，以保证超标径流能够有组织地通过交叉口向下游的受纳体汇集。

地块的规划应控制标高，可参考周边城市道路的标高确定，保证地块的规划高程比周边道路的最低路段高程高出 0.2 m 以上，建筑的地坪或建筑最低进水点的标高应比周边道路的最低路段高程高出 0.6 m 以上，并合理进行地块的竖向设计，既要防止小区外雨水流入，又要使超出小区雨水管网排水能力的径流能够有组织地排放至周边的市政道路或附近的受纳体内，以尽量避免强降雨时内涝灾害的发生。

城市道路交叉口在竖向设计时未考虑过超标径流自上游向下游汇集的需求，因而对于常见的路拱顺接斜坡交叉口，坡向交叉口的两个路段所夹的区域一般会形成局部的低洼区，超标雨水径流只有蓄积到漫过路拱后，才能向下游汇集，这容易造成交叉口局部积水过深、影响交通甚至危及行人安全。海绵城市建设提出道路兼做超标雨水径流汇集通道，落实这一要求，需对主要考虑交通安全、顺畅的交叉口设计方式进行转变，使之在满足交通安全的前提下兼顾超标雨水径流的汇集要求。根据上述目标，道路交叉口超标雨水径流向下游汇集的路径，一般按照以下原则确定：

①低等级道路与高等级道路相交时，超标雨水径流汇集路径尽量沿平行于高等级道路的方

向设置，避免主要交通方向上行车的不顺畅，减轻超标雨水径流对行车的影响。在此情形下，交叉口的竖向处理方式可保持不变：低等级道路中心线标高与高等级道路的车行道外缘顺接，并使横坡渐变至与高等级道路的纵坡相一致。

②等级相同的两条道路相交时，超标雨水径流汇集路径需根据受纳体的位置、水流的主要方向等因素，按照分散、就近排放的原则综合确定。在规划设置有超标雨水径流汇集路径横穿交叉口上的一侧，交叉口的竖向处理方式调整为路拱标高与车行道外缘标高顺接；垂直于超标雨水径流汇集路径的道路，其中心线标高与相交道路的车行道外缘顺接，并使横坡渐变至与相交道路的纵坡一致；其他方向的交叉口竖向处理方式仍保持路拱标高顺接不变。超标雨水径流汇集路径的规划应自城市道路的分水岭处或受纳体的下游开始，逐段向下游推进，遇到交叉口则根据上述原则确定适宜路径，直至确定汇入受纳体的排水出口位置。对所有城市道路都按上述思路进行规划后，即形成了规划的城市超标雨水径流汇集系统。

（3）道路地表行泄通道

根据庄河地形及汇水区划分，确定二环路、向阳路、三寰大街、新华路、黄海大街、养鱼十一路、养鱼三路、昌盛街、世纪大街、建设大街、临港园区 6 号路、城关工业园区二号路、金环大道、李大线、滨海路、港五路、港十二路部分路段作为庄河中心城区主要的道路地表行泄通道，道路两侧应至少预留 20 m 宽的绿化空间，竖向应满足超标径流汇集及输送要求（图 4-47）。

（4）调蓄空间

利用规划集中绿地，发挥其对周边汇水区域雨水的集中调蓄功能，达到区域的年径流总量控制率要求。明确集中绿地的服务范围及调蓄量控制要求。进一步结合地形，径流汇集路径，道路行泄通道，内涝积水点改造等多种因素，综合确定达到 20 年一遇防涝标准需增加的调蓄空间用地布局。

为达到中心城区 20 年一遇防涝标准，防止积水内涝，需增加相应调蓄空间，以满足区域排水防涝要求。以二级排水分区为单元计算需增加的调蓄容积，调蓄空间的设置需结合地形、沟渠分布、用地等综合确定。

利用集中开放空间设置雨洪调蓄设施主要可分为两种情况，一种是雨水湿地或雨水塘等集中水体调蓄设施，另一种则需要与公园、运动场等空间结合的多功能调蓄设施。

图 4-47 道路地表行泄通道

不同调蓄设施均需设计相应的水质保障方案，控制径流污染（图 4-48、图 4-49）。

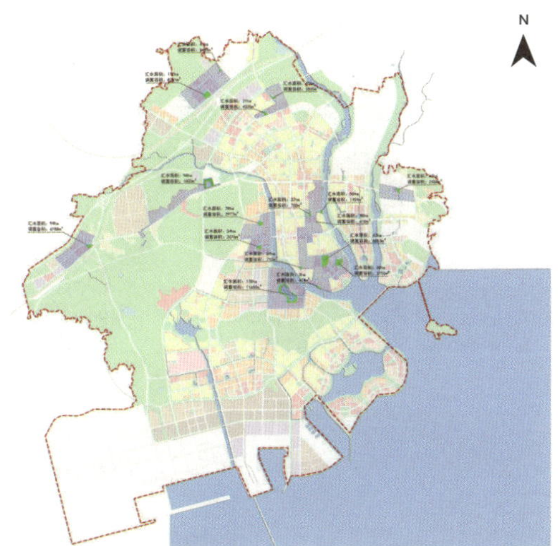

图 4-48 调蓄空间分布

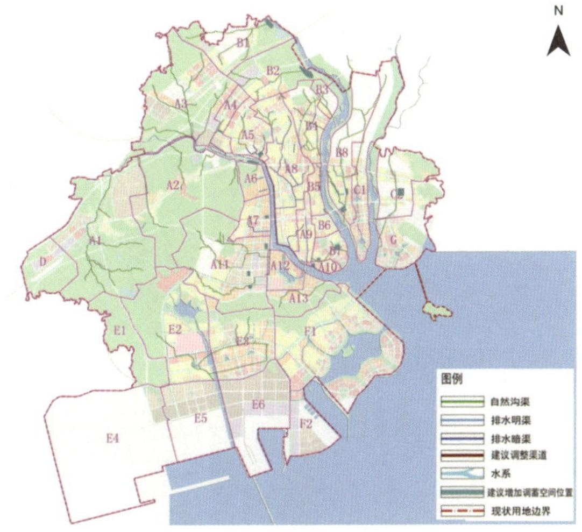

图 4-49 建议增加调蓄空间位置示意

集中水体需在入口处设置前置塘，对雨水径流进行预处理，以减少进入水体的污染物。前置塘主要通过沉淀、芦苇等植物和水中微生物的作用，去除雨水径流中的 COD、SS 等污染物；前置塘规模宜根据降雨条件，场地径流污染程度，以及对水体的水质要求等多种因素综合确定，概念方案阶段可按水体总面积的 10% ~ 15% 估算。前置塘需定期维护、清理，大型前置塘应考虑预留机械清理通道，以便于机械作业（图 4-50、图 4-51）。

图 4-50 前置塘示意一

图 4-51 前置塘示意二

雨水塘、雨水湿地主要利用水体中水生动植物、土壤、微生物共同作用净化水质，构建完善的水生态系统，包括浮游植物、大型植物、浮游动物、浮游性鱼类、肉食性鱼类等，组成一个生态网链。大型植物与浮游植物争夺营养物质，限制浮游植物的生长；肉食性鱼类限制了浮游性鱼类的数量，保证了浮游动物的生存空间；而浮游动物以浮游植物为食，从另一角度控制了浮游植物的生长。从生态平衡角度考虑，完善的生物链系统有利于保障水质，抑制某单种生物群的过度生长（图 4-52）。

图 4-52 湿地示意

广场调蓄指利用城市广场、运动场、停车场等空间建设的多功能调蓄设施，以削减峰值流量为主，通过与城市排水系统的结合，在暴雨发生时发挥临时的调蓄功能，提高汇流区域的排水防涝标准，无降雨发生时广场发挥其主要的休闲娱乐功能，发挥广场的多重效益。为减少污染物随雨水径流汇入广场，应在广场调蓄设施入口处设置格栅等截污设施，格栅可根据设施具体情况间隔设置粗格栅、细格栅，主要拦截大的漂浮物。为防止雨水对广场空间造成冲刷侵蚀，避免雨水长时间滞留和难以排空，广场调蓄应设置专用的雨水进出口（图 4-53）。

图 4-53 多功能调蓄广场示意

4.3 总体系统方案

4.3.1 “总体 + 片区（流域）”两级系统方案架构

庄河市近期海绵城市建设推进时主要面临以下问题：

①初期申报主要考虑新区试点的海绵城市建设内容，但随着对海绵城市内涵与任务的深入理解，愈发对流域上下游关系、试点外黑臭水体的治理，以及全域海绵城市建设的要求更为迫切。

②专项规划过度细化的管控要求导致项目实施层面调整难度大，近期建设中，仍然面临因局部用地短期而在实施中难以达到控制要求的问题。

③三年建设期中，大量项目的建设时间紧迫、难度较大，如何在保证城市基本功能的前提下同时保障海绵城市稳步推进也是亟待解决的问题。

④资金保障、PPP 打包等非工程措施缺少明确要求，规划中无法对资金来源、操作方法制定过于详细的要求。

因此，本次庄河市海绵城市建设系统方案的编制，主要着力解决上述面临的问题，以流域黑臭治理、全域海绵推进、适宜的项目、指标调整机制、合理的项目开工顺序及开工原则与可持续性的资金来源及 PPP 打包要求等方面为核心进行编制。

系统方案（流域 + 片区）定位为可落地方案，以便指导下一步具体项目的设计工作。流域治理方案需量化分析现状及问题，提出切实可行的治理方案，并通过模型模拟、量化计算等手段分析方案的可行性，进行系统性论证技术经济分析，保障流域治理的各个环节可落地，最终指导实现治理目标。片区系统以顶层设计理念为导向，明确生态本底保护空间，优化地块与道路指标，明确大型调蓄设施规模及空间布局方案，明确场地与道路竖向设计方案，明确水体水质保障方案，明确内涝防治方案等，切实落实顶层设计理念，做出亮点及可借鉴模式。主要从 3 个方面开展分析：3 个流域治理方案、8 个片区系统方案以及落实具体建设内容、设施规模、技术路线（图 4-54）。

图 4-54 系统方案核心内容

4.3.2 总体系统方案

4.3.2.1 总体建设目标与指标

以海绵城市建设理念促进庄河市城市发展，实现生态保护、经济社会发展和文化传承有机融合，实现“水环境景观美、水安全和谐美、水生态自然美、水资源多样美、水文化特色美”的发展战略，结合庄河市自身特点，以水生态修复、水安全保障、水环境治理 3 个方面为突破口，因地制宜科学合理地确定建设目标，建设具有黄海特色滨江滨海的海绵庄河。

总体建设目标如下：

①严守生态基线，保护城市原有生态，构建良好的水生态环境；试点区年径流总量控制率达到 75%。

②保护环境底线，消除黑臭水体，让小寺河、庄河、鲍码河稳定达到地表水 IV 类水主要指标要求。

③牢筑安全红线，构建城市排水防涝体系，有效应对《大连市庄河海绵城市建设专项规划（2016—2035）》标准内的降雨与城市防洪相衔接，保障城市运行安全。

④把控好资源上限，合理利用庄河水资源和雨水以及再生水等非常规水资源，满足城市生活、生产、生态用水需求，不外调水。

⑤建设海绵城市长效运行管理机制，保障海绵城市建设理念落地。

从庄河市试点及近三年主要实施项目来看，总体需要达到海绵城市专项规划要求，但由于建设项目除海绵城市建设内容外，仍然包括部分雨污水管网建设、黑臭水体整治甚至污水处理厂提标改造工作，控制目标也有相应调整。

本系统方案涉及主要控制要求有：

①地表水水质达标要求。

②海绵城市建设区域的海绵城市建设要求。

③污水处理厂提标改造工程建设要求。

④截污与污水管网建设相应建设要求。

总体控制目标如下：

①小寺河、庄河、鲍码河中心城区内近期无污水直排水体、消除黑臭水体且试点区内水质优于海绵城市建设前，中心城区内水质远期（至 2030 年）稳定达到地表水 IV 类水主要指标要求。

②海绵城市试点区域达到《大连市庄河海绵城市建设专项规划（2016—2035）》要求。

③试点区合流制溢流控制基本完善。

④城区内主要污水处理厂（庄河污水处理厂、城东污水处理厂）达到国家一级 A 类排放要求。为达到总体目标，各流域逐级分解控制目标与相应建设内容。

根据总体建设目标，构建庄河市试点区海绵城市指标体系，提出水环境、水生态、水安全、水资源、机制建设、显示度等方面具体指标要求，试点区海绵城市指标体系见表 4-23。

表 4-23 庄河市海绵城市指标

类别	序号	目标	近期指标（2018 年）	远期指标（2030 年）
水环境	1	地表水体、水质	消除黑臭水体，水质优于海绵城市建设前	主要指标达到《地表水环境质量标准》（GB 3838—2002）中的Ⅳ类标准及以上
	2	年 SS 总量去除率	50%	—
	3	控制污水及合流制溢流污染	旱季无污水直排河道	全年合流制溢流次数控制在 10 次 / 年
	4	污水处理厂出水水质	一级 A 类排放标准	—
	5	尾水湿地出水水质	除总氮、氨氮外，主要指标达到《地表水环境质量标准》（GB 3838—2002）中的Ⅳ类标准及以上	主要指标达到《地表水环境质量标准》（GB 3838—2002）中的Ⅳ类标准及以上
水生态	1	年径流总量控制率	75%	—
	2	水域面积率	15%	—
	3	地下水位	地下水位长期稳定不下降	—
	4	生态岸线恢复率	30%	60%
水安全	1	防洪标准	庄河、小寺河、鲍码河防洪标准为 50 年一遇，其他渠道防洪标准为 20 年一遇	—
	2	内涝防治标准	新建区达到 20 年一遇	达到 20 年一遇
	3	排水管渠设计标准	一般地区新建管网排水能力达到 3 年一遇，重要地区排水能力达到 5 年一遇；建成区新建调节、调蓄设施应结合周边区域共同达到 3 年一遇	一般地区新建管网排水能力达到 3 年一遇，重要地区排水能力达到 5 年一遇；建成区新建调节、调蓄设施应结合周边区域共同达到 3 年一遇
	4	防潮标准	50 年一遇	—
水资源	1	污水再生利用率	30%	—
	2	雨水资源利用率	10%	—
机制建设	1	规划建设管控制度	建立从规划、设计、施工到维护的全过程管控机制	—
	2	技术标准与规范	建立相关技术标准规范支撑海绵城市建设	—
	3	投融资机制	建立合理的政府补贴、按效付费等投资融资机制	—
	4	绩效考核机制	建立合理的绩效考核机制	—
显示度	1	建成区达标面积占比	25%	80%

4.3.2.2　流域分区建设目标与指标

（1）流域及排水分区

以主要河流、路网、排水管渠为划分边界，将中心城区划分为小寺河流域（A）、庄河流域（B）、鲍码河流域（C）、西部汇水区（D）、西南汇水区（E）、南部汇水区（F）及东部汇水区（G）7 个流域以及汇水分区（图 4-55）。

依据试点区内河流水系分布，按河道流域进行划分，结合《大连市庄河海绵城市建设专项规划（2016—2035）》将试点区划分为 5 个流域汇水区，包括小寺河流域、庄河流域、鲍码河流域、大学城片区、休闲养生区（图 4-56）；各汇水分区边界依据地形地貌、各支流排水渠汇水方向以及标高数据，按照汇水最终去向划分，各流域汇水区汇水面积见表 4-24。

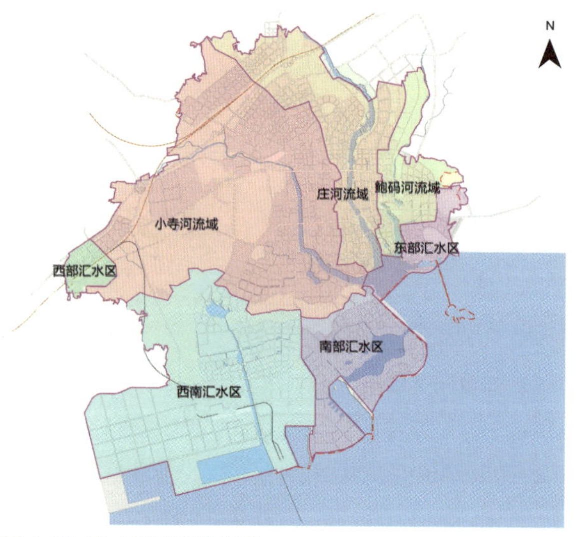

图 4-55　中心城区流域分区

图 4-56　试点区流域汇水分区

表 4-24 流域分区面积

汇水区	试点区面积（km^2）	中心城区面积（km^2）	流域面积（km^2）
小寺河流域	4.9	70.4	216.0
庄河流域	2.1	25.0	618.0
鲍码河流域	1.3	11.5	129.0
大学城片区	9.4	—	—
休闲养生区	1.7	—	—

根据受纳水体排口及排水管网分布，进一步细化各试点区流域分区，划分了 12 个排水分区（图 4-57）。

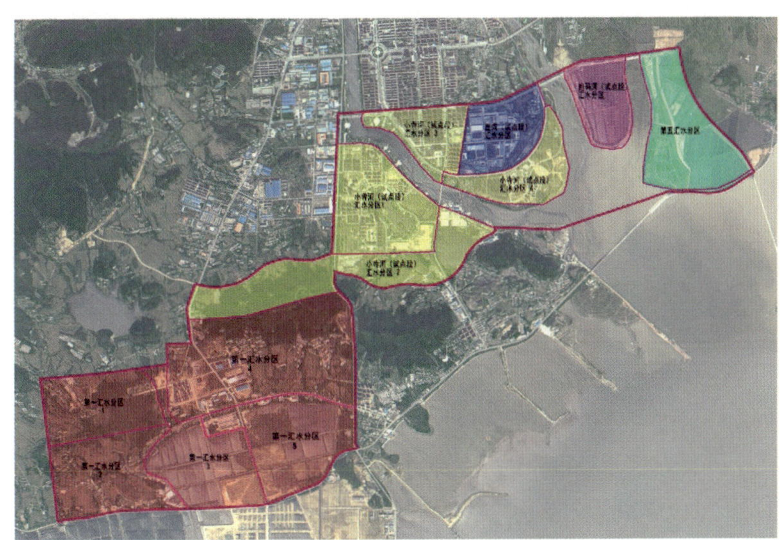

图 4-57 排水分区

（2）小寺河流域建设目标

①小寺河中心城区内近期无污水直排水体、消除黑臭且试点区内水质优于海绵城市建设前，中心城区内水质远期（至 2030 年）稳定达到地表水 IV 类水主要指标要求。

②上游农村污染区域雨污水得到基本治理，旱天无农村污水直排河道，雨季雨水设施调蓄容积达到海绵城市年径流总量控制率要求。

③海绵城市试点区域的将军湖片区、李屯排水沟片区、中心医院片区、明珠湖片区均要达到海绵城市建设要求（包括年径流总量控制率、年 SS 总量去除率、地表水水质等一系列指标要求）。

④小寺河东岸与西岸城区混接分流及合流制溢流控制基本完善，溢流频次不超过 10 次每年，该频次外溢流情况下水体修复时间不超过 5 天。

⑤截污系统实现旱天无污水直排河道（包括上游及下游）。

⑥庄河污水处理厂处理后的水达到国家一级 A 类排放要求。

（3）庄河流域建设目标

①庄河中心城区内近期无污水直排水体、消除黑臭水体且试点区内水质优于海绵城市建设前，中心城区内水质远期（至 2030 年）稳定达到地表水 IV 类水主要指标要求。

②上游农村污染区域雨污水得到基本治理，旱天无农村污水直排河道，雨季雨水设施调蓄容积达到海绵城市年径流总量控制率要求。

③海绵城市试点区城关工业园片区达到海绵城市建设要求（包括年径流总量控制率、年 SS 总量去除率、地表水水质等一系列指标要求）。

④庄河东岸与西岸城区截污工程完成，截污系统实现旱天无污水直排河道（包括上游及下游），新建片区应实现雨污分流，已建片区合流制溢流频率不超过 10 次 / 年，该频次外溢流情况下水体修复时间不超过 5 天。

（4）鲍码河流域建设目标

①鲍码河中心城区内近期无污水直排水体、消除黑臭水体且试点区内水质优于海绵城市建设前，中心城区内水质远期（至 2030 年）稳定达到地表水 IV 类水主要指标要求。

②上游农村污染区域雨污水得到基本治理，旱天无农村污水直排河道，雨季雨水设施调蓄容积达到海绵城市年径流总量控制率要求。

③海绵城市试点区域生态科技文化区（包括年径流总量控制率、年 SS 总量去除率等一系列指标要求）。

④城东污水处理厂处理后的水达到国家一级 A 类排放要求。

（5）大学城片区、休闲养生区控制目标

①大学城片区、休闲养生区主要河道及水体近期无污水直排水体、消除黑臭水体且试点区内水质优于海绵城市建设前，该区域水质远期（至 2030 年）稳定达到地表水 IV 类水主要指标要求。

②海绵城市试点区域——大学城片区、休闲养生区达到海绵城市建设要求（包括年径流总量控制率、年 SS 总量去除率等一系列指标要求）。

（6）排水分区指标要求

依据《庄河市海绵城市系统方案》以及现状改造适宜性分析，对各排水分区年径流总量控制率、年 SS 总量去除率进行分解，具体见表 4-25。排水分区指标分布如图 4-58 所示。

表 4-25 排水分区主要指标

排水分区		面积（m^2）	片区类型	主要控制指标	
				年径流总量控制率	年 SS 总量去除率
大学城片区	—	—	—	80%	55%
	1	1257597	新建	80%	55%
	2	1726619	新建	80%	55%
	3	1577264	新建	90%	65%
	4	3216451	新建	80%	55%
	5	1806711	新建	80%	55%
小寺河（试点段）汇水分区	—	—	—	72%	48%
	将军湖片区	1655564	改造	75%	50%
	李屯排水沟片区	2157591	改造	80%	55%
	中心医院片区	853811	改造	60%	40%
	明珠湖片区	926693	改造	70%	45%
庄河（试点段）汇水分区（城关工业园片区）		994138	改造	72%	48%
鲍码河（试点段）汇水分区（生态科技文化区）		688489	新建	80%	55%
休闲养生区		1732897	新建	80%	55%

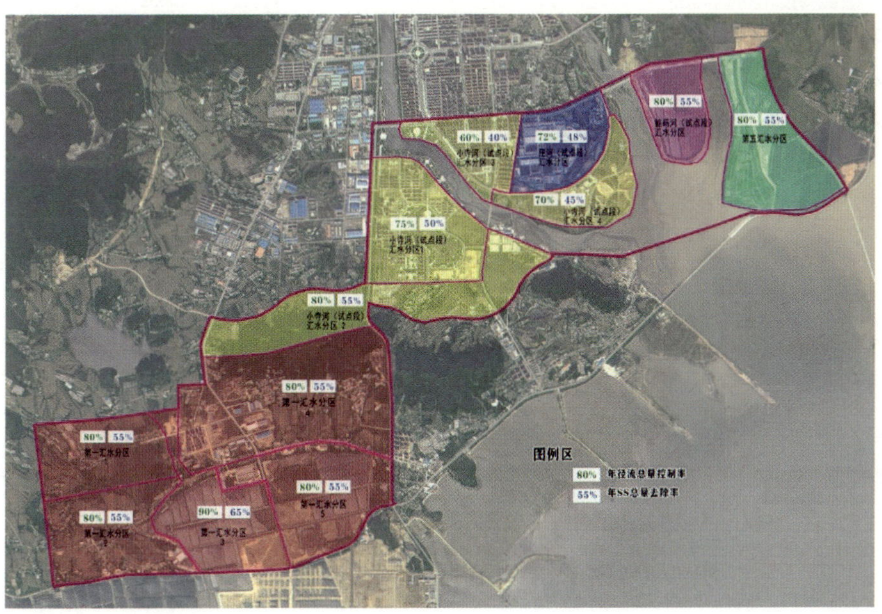

图 4-58 排水分区指标分布

排水分区其他指标参照汇水分区指标，具体见表 4-26。

表 4-26 排水分区其他指标要求

类别	序号	目标	近期指标（2018 年）	远期指标（2030 年）
水环境	1	地表水体水质	消除黑臭水体；水质优于海绵城市建设前	主要指标达到《地表水环境质量标准》（GB 3838—2002）中的Ⅳ类标准及以上
	2	控制污水及合流制溢流污染	旱季无污水直排河道	全年合流制溢流次数控制在 10 次每年
水安全	1	防洪标准	庄河、小寺河、鲍码河防洪标准为 50 年一遇，其他渠道防洪标准 20 年一遇	—
	2	内涝防治标准	新建区达到 20 年一遇	达到 20 年一遇
	3	排水管渠设计标准	一般地区新建管网排水能力达到 3 年一遇，重要地区排水能力达到 5 年一遇；建成区新建调节、调蓄设施应结合周边区域共同达到 3 年一遇	一般地区新建管网排水能力达到 3 年一遇，重要地区排水能力达到 5 年一遇； 建成区新建调节、调蓄设施应结合周边区域共同达到 3 年一遇
	4	防潮标准	50 年一遇	—

4.3.2.3 总体策略与实施内容

1）总体思路

基于上述分析，庄河市海绵城市建设统筹工业园区的管控与截污、新建和已建城区的源头减排系统、雨水系统和合流制系统、城市河道、再生水的改造与建设（图 4-59、图 4-60）。

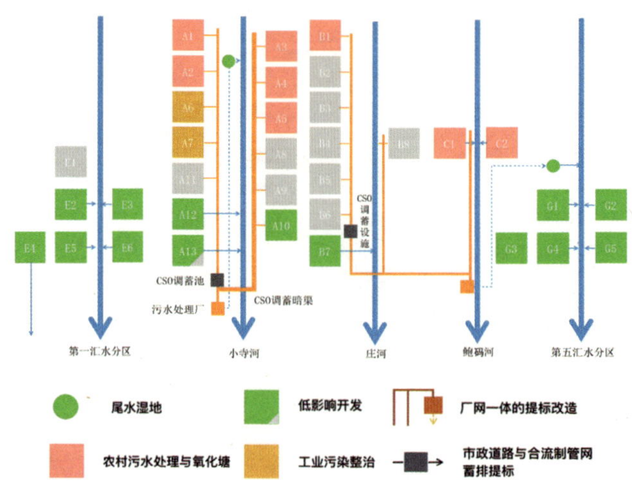

图 4-59 总体建设思路系统流程

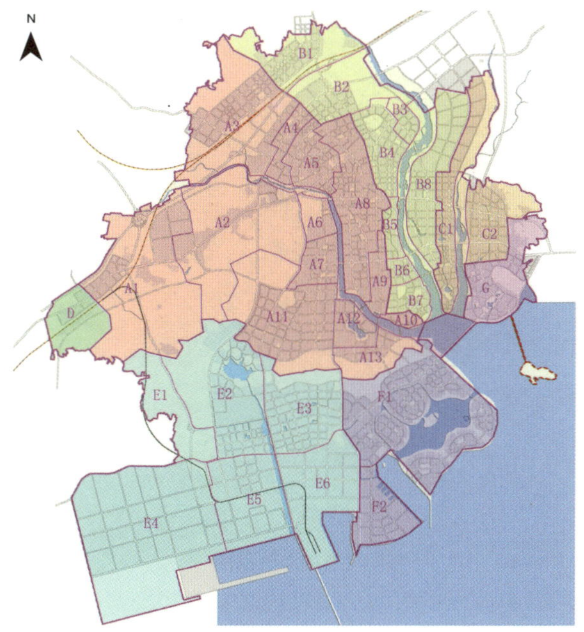

图 4-60　庄河市区域内排水分区

2）工业与农村污染管控

（1）工业园区的管控与截污策略

庄河市小寺河两岸分布以养殖、生产为主的各类工业园区，从径流污染总量分析来看，这部分污染负荷对河道污染水量较大。借由此次海绵城市改造机遇，将进一步提高工业园区生产污水处理和排放要求，对原本错综复杂的管线及沟渠系统进行全面梳理和截污，直接减少污染物外排（图 4-61）。

（2）农村点源与面源的综合整治

小寺河与庄河上游、鲍码河流域，仍然存在散落村庄生活污水直排以及农业面源污染问题。其中，靠近庄河污水处理厂、城东污水处理厂的农村生活污水，通过污水沟改造、增加污水管等方式，尽可能接入污水处理厂。远离污水处理厂的农村区域，通过低点设置氧化塘、小型湿地以及分散污水处理设备，保障处理后排放（图 4-62）。

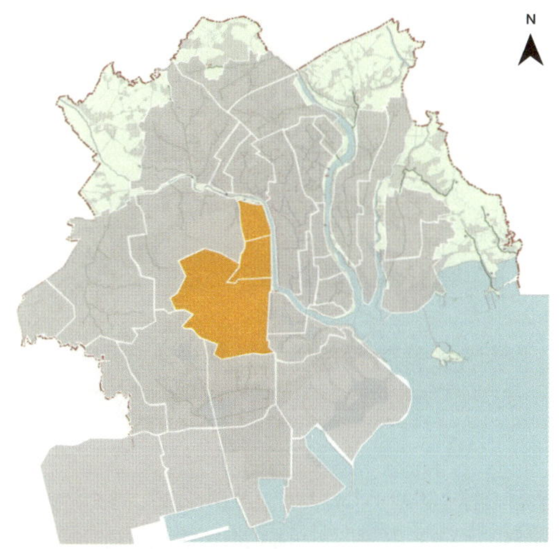

图 4-61　工业园区的实施范围

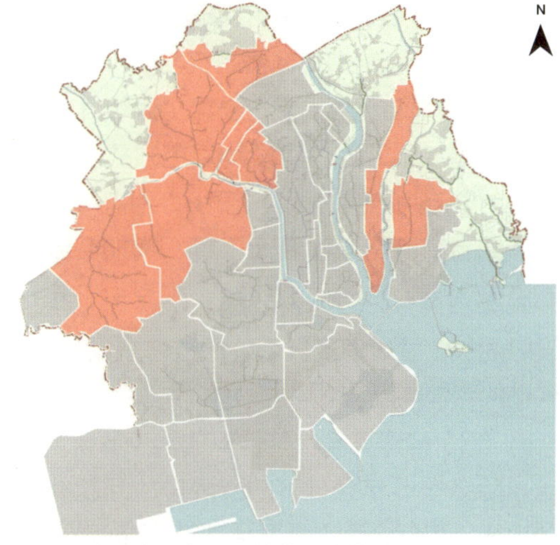

图 4-62　农业点源与面源综合整治范围

3）建设用地的更新与建设

（1）已建城区（含棚户区）的综合改造策略

已建城区范围涵盖了庄河市主城区 3 条河道：小寺河、庄河、鲍码河流域，包括大量老城区以及部分棚户区。城市建成区大部分现状为合流制片区，该区域的综合改造策略为尽可能通过源头海绵化改造的实施减少雨水径流对合流制系统的水量和水质冲击。对于部分棚户区，结合对棚户区基本市政设施的完善以及对周边河道的修复，综合提升市民生活品质，该区域如图 4-63 所示。

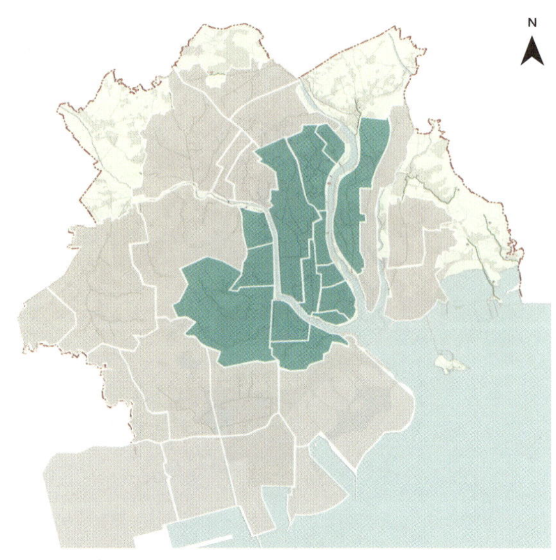

图 4-63　建成区与棚户区的实施范围

（2）新建城区的海绵城市建设策略

对于新建城区，源头减排系统应充分利用绿地，尽量在建设过程中落实建设策略。如生态科技文化区，采用完全绿色基础设施的方式进行建设。在现有绿化率条件下实现低源头减排系统、市政绿色雨水管渠系统以及末端调蓄系统，展示新城建设的可能性。该区域实施范围如图 4-64 所示。

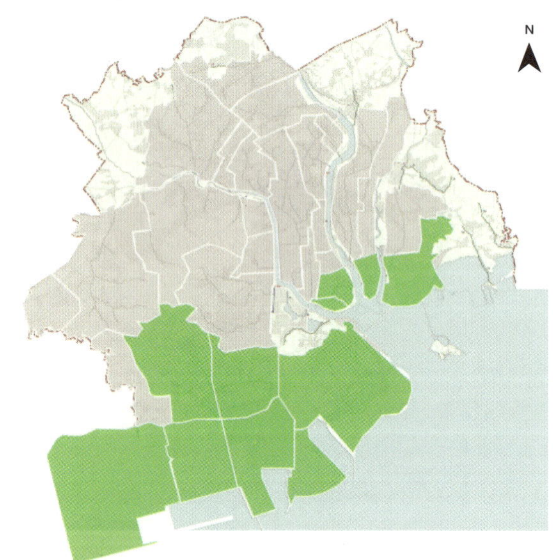

图 4-64　新建城区海绵城市建设的实施范围

4）市政设施的修补和建设

（1）合流制溢流调蓄系统与水厂优化

需要对现存截污干线进行全面梳理，并通过增加调节池、建设闸坝等方式实现合流制溢流频次的降低。对于小寺河流域，西岸结合疏港路修建截污干管，增加合流制溢流调蓄池减少溢流次数，东岸由于建设时间长，管线情况复杂，通过末端设置电动闸，尽量增加管道调蓄能力，减少直接对小寺河河道的合流制溢流频次。

（2）构建高潮位条件下的地表蓄排系统

除 3 ~ 5 年条件下的暴雨排放问题外，庄河市在面对 20 ~ 50 年一遇暴雨时，由于海潮的顶托，仍然会面临需要大量调蓄空间的问题。通过径流组织设置行泄通道以及多功能调蓄设施，保障 20 年一遇的降水的调蓄和调节（图 4-65、图 4-66）。

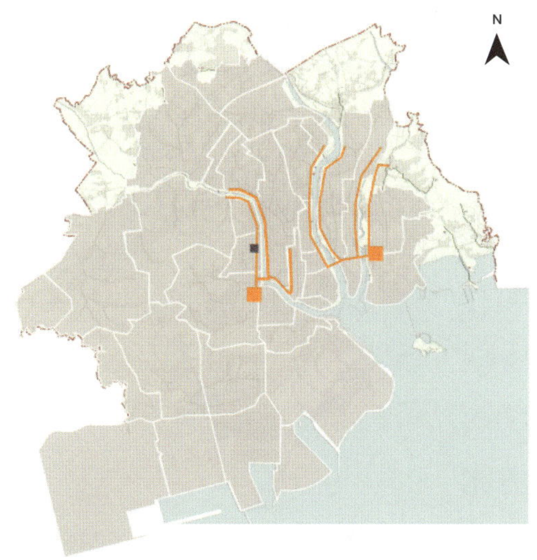

图 4-65 截污系统和合流制溢流点位

图 4-66 地表径流组织与蓄排系统实施点位

5）河道与末端空间的综合价值的提升

作为海绵城市建设项目中最能直接体现治理成果的空间，河道滨水空间的改造以生态化改造堤岸修复整理为主。部分渠道生态化改造后，退让岸线可增加亲水性，甚至可打造运动开放空间，塑造多功能调蓄场地。

地表径流及其他污水通过污水处理厂处理后，引入尾水湿地，变为再生水重新回补河道用水，增加小寺河、庄河的水动力。

图 4-67 中心城区海绵城市建设空间管制情况

4.3.2.4 本底保护与利用

庄河市城区位于三河（小寺河、庄河、鲍码河）流域的下游，流域上游的汇水将会对下游造成洪涝压力，因此庄河市中心城区的海绵城市建设应采用流域治理的思路，在城区进行海绵城市建设的同时加强对流域上游的管制（图 4-67）。

海绵城市建设应遵循生态优先原则，优先保护和修复城市原有的生态系统，对生态安全格局所确定的自然保护区、水源地保护区、林地、基本农田、森林保护区、水系、湿地、历史文化保护区等生态敏感区和根据防洪、径流控制要求明确的调蓄空间、设施布局等提出空间管制要求。

①林地保护区、水源地保护区、排洪排涝水系、调蓄水体、河流防洪堤坝内区域等作为禁建区。

②滨水绿地、水系涨落带绿地及雨水管网排口周边绿地作为限建区。

③作为调蓄空间的大型集中公共绿地作为限建区。

④汇水末端低洼区域作为限建区。

⑤主干路绿廊空间作为限建区。

4.3.2.5 区域海绵城市总体建设方案

区域年径流总量控制率通过源头、末端组合方式综合实现源头削减目标，各流域源头削减、末端削减总量及分担比例详见图 4-68。

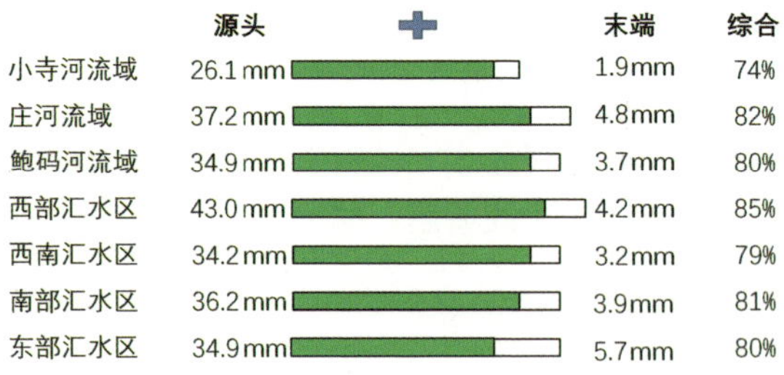

图 4-68 各流域源头、末端径流削减分担

（1）源头减排，年径流总量控制率总体达到 75%。

已建地块以问题为导向落实低影响开发理念，通过现场勘察和问题分析，基于现状问题的解决和社会发展的需要，科学合理地改造现状场地，落实源头生态设施，最大限度地控制场地雨水径流，未能控制的雨水径流可在末端进行雨水调蓄。未来随着城市更新改造，按照海绵城市建设的目标和控制要求，构建源头低影响雨水开发系统。新建地块以目标为导向落实低影响开发理念，采用源头生态设施构建径流控制系统，因地制宜地采取促渗、调蓄等方式，最大限度维持场地开发前后水文循环特征不变。

综合考虑各排水分区内水资源、水环境、水生态、水安全等方面面临的主要问题和需求，结合老城区、新城区用地类型、改造难度、工程项目分布、控制目标实际需求，对年径流总量控制率按一级排水分区、二级排水分区、进行逐级分解（图 4-69、图 4-70）。

（2）过程消减

根据《室外排水设计规范》（GB 50014—2014）的相关规定，一般地段雨水管道设计重现期为 3 年，重点地区、地势低洼地区、重要道路交叉口设计重现期为 5 年。建成区新建调节、

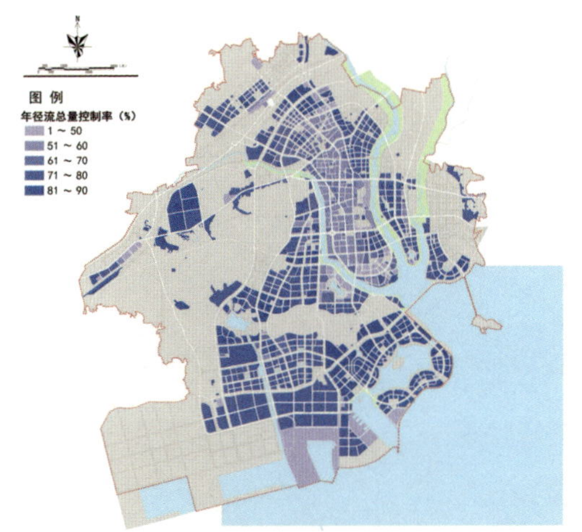

图 4-69　年径流总量控制率地块指标分解

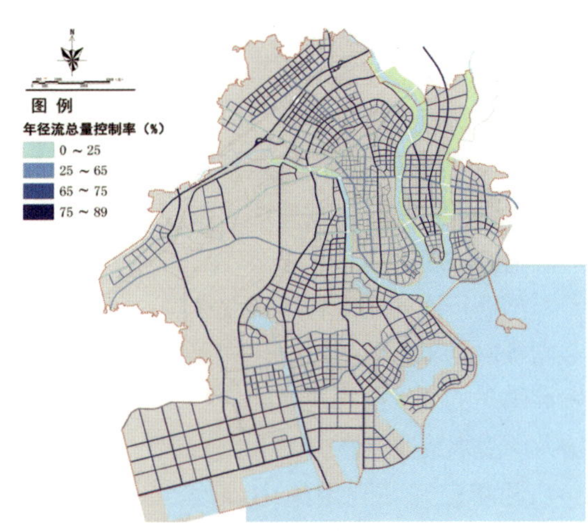

图 4-70　年径流总量控制率道路指标分解

调蓄等设施结合周边区域共同达到 3 年一遇。排水渠采用 20 年一遇，排水泵站的排水标准采用排水渠相同的标准。

已建主城区近期主要在现状管渠系统基础上进行完善，局部地区进行管网的提标改造，排水标准提高至 3 年一遇。完善现有的截流式合流制系统，远期逐步实现雨污分流（图 4-71）。

图 4-71　中心城区雨水管道布局

以中心水系为核心的新建区域内，排水管网设计标准达到 3 年一遇，采取“优先管网集中排放”的原则，管线汇入中心水系，在集中入口处建立生态调蓄设施。

以分散水系为核心的新建区域，排水管网设计标准达到 3 年一遇，采取“优先管网集中排放”的原则，保护现有主要排水沟渠，管线分散汇入周边沟渠，沟渠周边结合建设生态调蓄设施。

南部填海片区排水管网设计标准达到 3 年一遇，采取“优先管网集中排放”的原则，雨水经管网汇入周边沟渠，最终排入黄海，末端建立生态调蓄设施。

（3）末端、超标蓄排

中心城区全部实现“大雨不内涝”的目标。内涝防治标准取 20 年一遇重现期。

超标雨水径流排放系统包括排水渠道、道路行泄通道、调蓄空间和强排泵站等，如图 4-72 所示。

排水渠道即利用自然沟渠及城区排水明渠、暗渠，发挥对大重现期暴雨的排涝功能。

道路行泄通道即利用道路本身竖向条件，暴雨发生时对超标径流发挥临时的汇集及输送功能，将其排入周边水系或渠道。

调蓄空间即利用集中绿地、水体、水库，对超标径流发挥调蓄功能。

强排泵站即遇到老城区绿地空间小，无足够调蓄空间时，通过强排站进行强排。

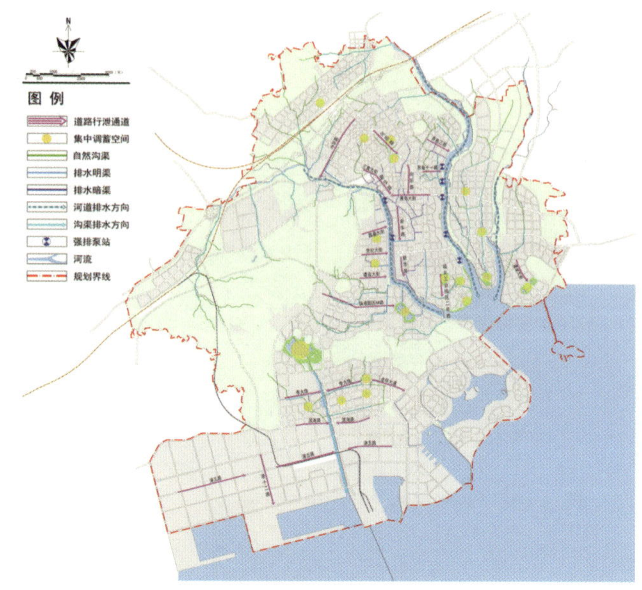

图 4-72 中心城区超标蓄排系统

4.3.2.6 黑臭水体治理及水环境提升

小寺河、庄河、鲍码河流域等黑臭水体治理主要采取“源头减排、过程控制、系统治理”的思路，运用控源截污、内源治理、生态修复、活水提质、执法管控等综合控制措施，消除水体黑臭达到水质控制的目标要求（图 4-73）。

图 4-73 黑臭水体治理思路及措施

源头减排方面主要采取控源措施，试点区内建设雨水花园、下凹绿地、植草沟、生物滞留等生态设施控制径流水量及径流污染；试点区外通过建设地埋式污水系统及雨水塘等设施集中控制农村雨污水，通过管控措施禁止工业废水外排，达到源头减排目的。

过程控制方面主要采取截污措施。对于直排、混接污水，完善污水排放系统，就近将污水切断接入污水管线，如在小寺河西岸，庄河、鲍码河两岸建设截污管线。对于直排雨水及合流制溢流雨水，采取集中建设雨水调蓄设施、溢流调蓄池的方式控制径流污染，如在小寺河流域西岸整合多个排口建设雨水调蓄池，将东岸现状断面面积大的沿线排水渠、延安路排水渠改造为合流制溢流调蓄池，实现污水、雨水一体化控制，在大量节约投资同时有效减少了溢流污染。

系统治理方面采取内源治理、生态修复、活水提质的综合控制措施，对于河道淤泥、垃圾进行局部清理，同时修复驳岸，建设生态驳岸及挺水湿地系统，对具有一定条件的河道，如小寺河上游建设沉水植物系统，进一步加强水体净化能力。考虑庄河再生水利用率低、河道景观补水缺口大及水质需提升等问题，庄河污水处理厂、城东污水处理厂建设尾水湿地，一级 A 类污水经湿地净化后达到Ⅳ类水体标准，提升至河道上游推动河道水循环，可有效提升河道水质，防止黑臭。

基于对小寺河、庄河、鲍码河 3 条河流的流域污染负荷分析，发现其主要污染源集中在城区生活污水、雨水径流污染、工业废水、农业生活污水及养殖废水。从源头、中途、末端全过程加强对小寺河、庄河、鲍码河流域的水环境整治（图 4-74）。

图 4-74　中心城区黑臭水体治理方案

4.3.2.7 内涝积水整治及洪潮风险应对

对于试点区外主要针对不同积水点积水原因采取针对性的工程措施方式解决积水问题，如提标管网、疏浚排水渠等，对于棚户区积水点近期采取应急移动泵车方式控制积水问题，远期结合棚户区改造解决积水点。

对于试点区内积水、内涝问题采取“系统治理”思路，结合内涝治理，建设排水管渠、多级行泄通道、行泄沟渠，考虑洪涝潮问题，建设防潮闸门及调蓄水体，局部进行工程改造，解决试点区内涝积水问题。

具体积水点、内涝治理方案见各流域方案内容。

4.3.2.8 试点区域片区顶层设计方案

根据按流域、片区推进思路，将试点区分为大学城片区（第一汇水区）、将军湖片区、李屯排水沟片区、中心医院片区、城关工业园片区、明珠湖片区、生态科技文化区（第四汇水区）以及休闲养生区（第五汇水区）8 个片区推进。各片区基本情况、存在问题及控制指标见表 4-27。

表 4-27 各片区基本情况及指标

片区	面积（hm^2）	基本情况	主要问题	年径流总量控制率	年 SS 总量去除率
大学城片区	1062	新建片区，多为虾圈养殖用地，现已征收，自然本底条件好，多条水系贯穿区域，三面环山，一面靠海	①受洪涝潮风险，存在低洼积水点；② 排水管网不完善造成局部水体黑臭	80%，34.9 mm	55%
将军湖片区	110	近年建成片区，小区品质高，现状绿地景观好，分流制排水系统，最终汇入将军湖	①存在部分混接问题；②湖体水质轻度黑臭	75%，29 .0mm	50%
李屯排水沟片区	107	新建片区，南侧有山体，李屯排水沟穿过片区排入小寺河入海口	存在棚户区污水散排污染排水渠问题	80%，34.9 mm	55%
中心医院片区	86	已建成成熟片区，片区硬化路面面积大，可利用绿地空间少，分流制区域	①存在混接污染问题；②改造空间少	60%，17.0 mm	40%
城关工业园片区	97	已建成老旧工业区，厂区路面硬化面积大，为合流制区域，四周为排水沟，最终排入庄河	①合流制管网直排排水沟，水体严重黑臭；②低洼处积水，受洪涝潮影响内涝严重	72%，26.1 mm	48%
明珠湖片区	96	新建区域，多个地块未建成，路网基本形成，分流制区域	分流制管网直排沿海	72%，26.1 mm	48%
生态科技文化区	69	未建区域，现状为苗圃基地，地势平坦	低势平坦，受洪涝潮影响	80%，34.9 mm	55%
休闲养生区	173	未建区域，现状为苗圃基地，地势平坦	低势平坦，受洪涝潮影响	80%，34.9 mm	55%

庄河市海绵城市试点不仅需达到海绵城市建设目标，更需探索适用于北方寒冷地区甚至全国的海绵城市建设经验，鉴于庄河试点区 8 个片区具有不同特点，包括新建片区、已建改造片区，居住区、工业区、大学城等不同类型片区，涵盖不同城市基础设施建设阶段，尝试对不同片区进行模式创新建设示范，提出适用于不同建设阶段的海绵城市建设发展理念，形成“灰绿并重”“绿色优先、灰色为辅”“纯绿色”适用不同城市雨水基础设施发展阶段的建设模式，实现从雨水传统的“灰色快排”模式向“绿色慢排”模式的平稳转变，指导下一步片区海绵城市建设及有助于全国同类型海绵城市建设经验的积累。

4.4 小寺河流域综合整治系统方案

小寺河流域最主要的径流污染来源，分别为农村雨污水的直接分散排放、沿河两岸城区合流制管道溢流对水体的影响，以及下游雨水径流。

基于上述分析，小寺河流域整治总体系统方案如图 4-75 所示。

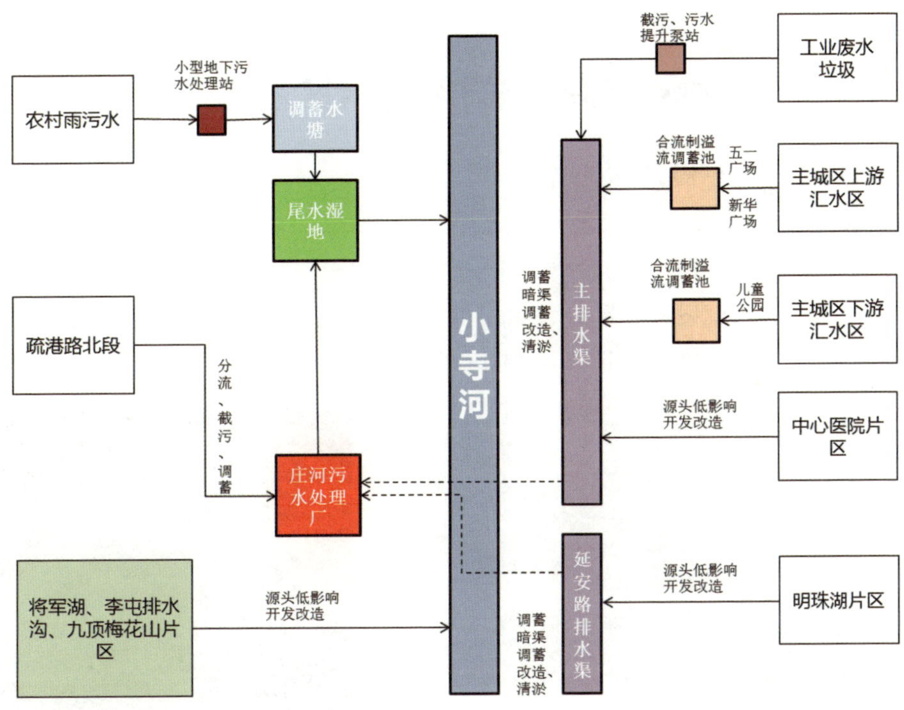

图 4-75 小寺河流域总体整治系统方案

该系统方案由以下部分组成：

①农村用分散式控制与管理雨污水的方式控制小寺河上游 4.48 km² 的农村雨污水污染。

②小寺河西侧疏港路北段雨水系统综合整治，以治理疏港路北段片区雨污水为主，设立近期与远期目标，近期实现疏港路北段西侧汇水区雨污水管网系统改造及道路源头减排改造，远期实现该路段西侧汇水区海绵城市建设。

③小寺河东侧合流制溢流控制系统综合整治，以原有暗渠系统为核心进行合流制溢流调蓄改造，包括小寺河东岸主排水渠及延安路排水渠改造，在 2018 年试点实施期间内已改造完成。

④将军湖、李屯排水沟、中心医院、明珠湖海绵城市试点片区综合整治，以建设雨污分流、不同类型海绵城市试点片区为主，2018 年试点实施期间内已改造完成。

⑤小寺河生态整治，以河道清淤、堤岸改造、局部截污、湿地建设为主，2018 年试点实施期间内已改造完成。

⑤工业废水与垃圾监管，通过管理手段管控工业废水排放及垃圾倾倒，完善工业废水截污系统，在 2018 年试点实施期间内已改造完成。

⑥积水点综合整治，以清淤、排水管渠、道路竖向调整为主，对城区主要积水点进行综合整治，在 2018 年试点实施期间内已改造完成。

4.4.1 流域试点区海绵城市建设片区方案

4.4.1.1 将军湖片区方案

1）现状及问题分析

将军湖片区位于庄河市海绵城市建设试点区第二汇水分区，地处小寺河西侧，西临疏港路，东临延安路，北接建设南一街，南临锦绣大街。占地面积 110 hm²，周边小区汇水面积约 84 hm²，湖区 26 hm²，其中湖体 12.3 hm²（图 4-76）。

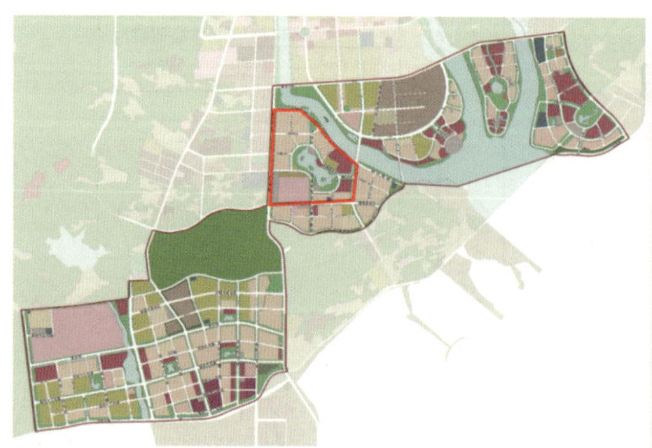

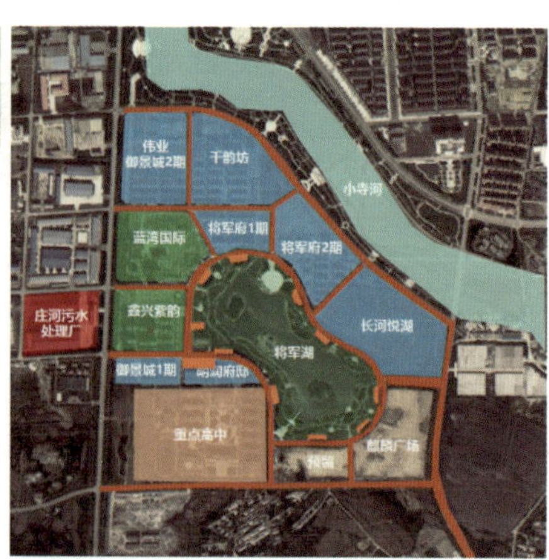

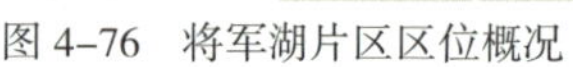
图 4-76 将军湖片区区位概况

该片区包含建筑小区9个，依次为伟业御景城、千韵坊、将军府1期、将军府2期、蓝湾国际、鑫兴紫郡、御景城1期、明润府邸、长河悦湖，其中前8个项目为本次区域改造项目库项目；区域内公共建筑11个，包括1个重点高中及10个停车场；区域内有1个湖体改造项目名称为将军湖水环境综合整治；涉及道路改造项目12个，为将军湖1号路～10号路、锦绣大道、延安路（图4-77、图4-78）。

图4-77　片区小区绿地

图4-78　片区道路及停车场

将军湖片区用地大多为近期开发，多数小区景观环境良好，绿地空间较为充足，但部分小区有绿地下地库的情况，影响改造。片区内道路为近期建设，车行道路面较好，部分道路人行道破损严重。部分道路两侧有充足的绿化空间，但竖向相对较高，部分道路两侧无绿化空间或者为硬化铺装，道路无明显积水现象。

将军湖公园绿化充足，公园总面积0.26 km^2，其中水体面积0.12 km^2，湖体从小寺河引水，同时收纳周围的雨水，局部存在雨污水混接问题，导致湖体水质变差（图4-79）。

图 4-79　将军湖公园

2）总体技术路线与建设目标

（1）技术路线

将军湖片区海绵城市建设技术路线如图 4-80 所示。

集成海绵城市+黑臭水体，注重流域关系的综合控制系统方案

源头减量	中途控制	末端处理	综合调度
小区、学校LID改造	绿色骨架——海绵城市道路改造	沿湖排口污染控制	污水厂尾水湿地
合流制小区截污	绿色脉搏——组团生态停车场	湿地净化及生态系统恢复	将军湖补水调控
景观提升	合流制溢流控制	多功能调蓄设计	防潮闸坝调控
雨水回用	截污及弃流系统	湖体清淤及循环系统	
	超标雨水排放通道	进出水渠整治	
LID	小排水系统	大排水系统	防潮系统

图 4-80　将军湖片区海绵城市建设技术路线示意

（2）建设目标

将军湖片区总体建设目标为：区域年径流总量控制率达 75%，对应设计降水量为 29 mm，年 SS 总量去除率达标，将军湖水质达到Ⅳ类以上，达到 3 年一遇排水管网建设标准，达到 20 年一遇内涝防治标准，达到 50 年一遇防潮标准（表 4-28）。

表 4–28 将军湖片区设计分区年径流总量控制率分解

设计分区	面积（hm^2）	控制降水量（mm）
设计一区	30.3	源头：17.8（61.0%）
		末端：11.2
设计二区	34.1	源头：11.7（49.0%）
		末端：17.3
设计三区	42.6	源头：12.5（51.0%）
		末端：16.5
设计四区	28.9	源头：13.5（53.6%）
		末端：15.5

3）源头小区改造系统实施方案

将军湖片区为近几年新建片区，小区路网基本形成，景观环境较好，通过详细走访调研，对小区改造适宜性进行分析，综合考虑开发商申请和小区诉求，确定改造小区工程，合理制定各小区控制指标（图 4–81、图 4–82，表 4–29）。

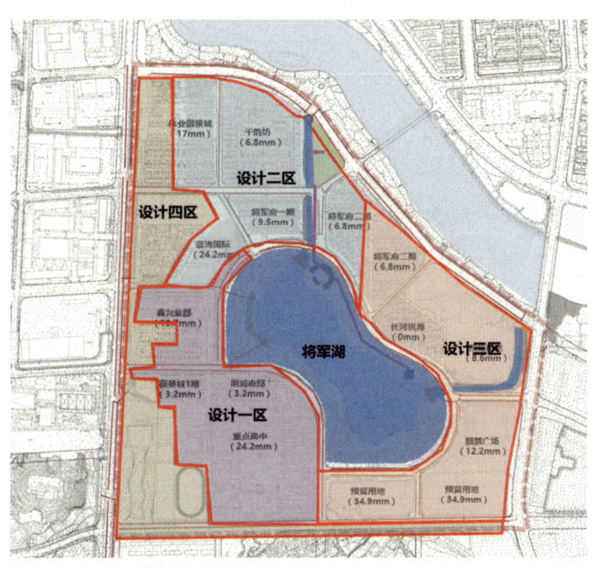

图 4–81 将军湖片区设计分区

图 4-82 将军湖片区部分小区

表 4-29 将军湖片区建筑与小区年径流总量控制率指标分解

名称	区域控制指标（%）	源头控制指标（%）	源头对应的设计降水量（mm）
伟业御景城二期	75	60	17.0
铭润府邸	75	20	3.2
重点高中	75	70	24.2
长河悦湖一期	75	20	3.2
将军府二期	75	34	6.8
鑫兴紫郡	75	50	12.2
蓝湾国际	75	70	24.2
将军府一期	75	43	9.5
千韵坊	75	34	6.8

4）源头道路改造实施方案

将军湖片区道路外围路网绿地空间较充足，而中间路网绿地空间不足，根据绿地空间布局及绿地改造难易程度，确定改造道路工程，并合理分配道路改造控制目标。通过计算将军湖片区道路改造后年径流总量控制率约 7.5 mm，得出各道路的源头控制量及外排量，详见表 4-30。

表 4-30 将军湖片区道路与广场年径流总量控制率指标分解

名称	区域控制指标（%）	源头控制指标（%）	源头对应的设计降水量（mm）
长河中心广场（沿街商业）	75	20	3.2
麒麟广场	75	50	12.2
滨河路（4 号）	75	50	12.2
环湖路西段（1 号）	75	30	5.6
环湖路东段（2 号）	75	60	17.0

续表 4-30

名称	区域控制指标（%）	源头控制指标（%）	源头对应的设计降水量（mm）
将军府支路（5号）	75	70	24.2
蓝湾国际支路（8号）	75	0	0.0
南侧支路（10号）	75	60	17.0
麒麟广场支路（3号）	75	60	17.0
千韵坊纵向支路（6号）	75	0	0.0
千韵坊横向支路（7号）	75	50	12.2
长河支路（9号）	75	50	12.2

5）末端水体水质保护系统

①源头减排系统：通过对源头项目的整体分析及计算得出片区年径流总量控制率 75% 的情况下，末端湖体所需的调蓄容积为 8800 m^3，调蓄高度 0.07 m。

②补水系统：最大补水量为 414 m^3/d，泵流量 0.29 m^3/min，扬程需根据地形高差及水头损失确定。

③合流制溢流控制系统：对幼儿园处雨污合流管线进行弃流处理，采取截流倍数为 2，幼儿园合流制出水管弃流至现有市政污水管网。

④水循环湿地系统：在将军湖北边三角区域建设 13000 m^2 循环潜流湿地，在将军湖末端出口处设置 450 m^3/h 提升泵站，将湖体出水沿管线引至潜流湿地，经湿地净化后再从进水渠引入将军湖，通过潜流与表流湿地的综合净化作用，加强水质净化效果（图 4-83）。

图 4-83 将军湖片水循环湿地系统

⑤水生态净化系统：通过在将军湖中种植水生植物和投放水生动物构建水生态净化系统。在 126000 m^2 水面种植水生植物，包括 15000 m^2 挺水植物和 40000 m^2 沉水植物，植物约占湖面面积的 45%。考虑水体及底泥的盐度对植物生长的影响，建议采用川蔓藻，篦齿眼子菜及芦苇、水葱、

菖蒲、千屈菜等可耐盐的挺水植物和沉水植物。水生动物的放养将充分考虑水生动物物种的配置结构，科学合理地设计水生动物的放养模式，如种类、数量、个体大小、食性、生活习性、放养季节、放养顺序等，水生动物应包括鱼类、底栖动物、甲壳类及滤食性浮游动物。

6）内涝防治系统建设方案

将军湖片区内竖向关系为小区高于周边道路，小区雨水可由道路进入雨水管网或行泄通道。片区高程总体坡向将军湖，坡度均匀无较大起伏。以将军湖进水渠、出水渠为主要行泄通道，利用道路路面依靠道路竖向作为临时输送通道，将军湖作为末端集中调蓄空间，常水位 3.0 m，最高水位 3.5 m，设计低水位 2.0 m，通过合理调度，最大调蓄容积可达 190000 m^3。通过通道排泄和末端空间调蓄综合达到 20 年一遇排水防涝标准要求（图 4–84）。

图 4–84 将军湖片区径流路线与行泄通道

7）项目与目标衔接关系

依据建设目标、现场改造条件及存在的主要问题梳理源头消减、过程控制、系统治理项目与控制指标关系（图 4–85、图 4–86，表 4–31）。

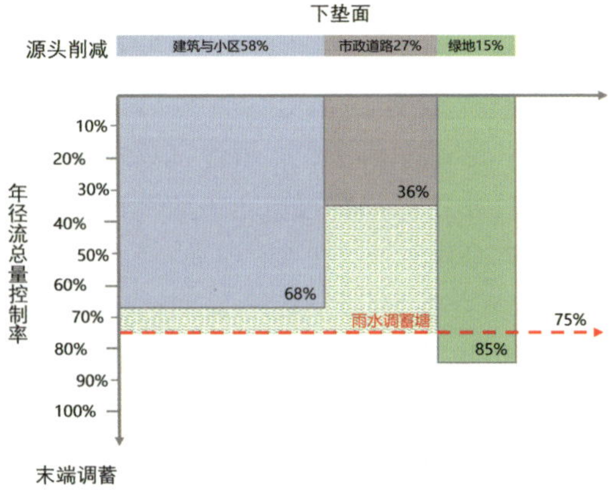

图 4–85 将军湖片区径流总量控制率

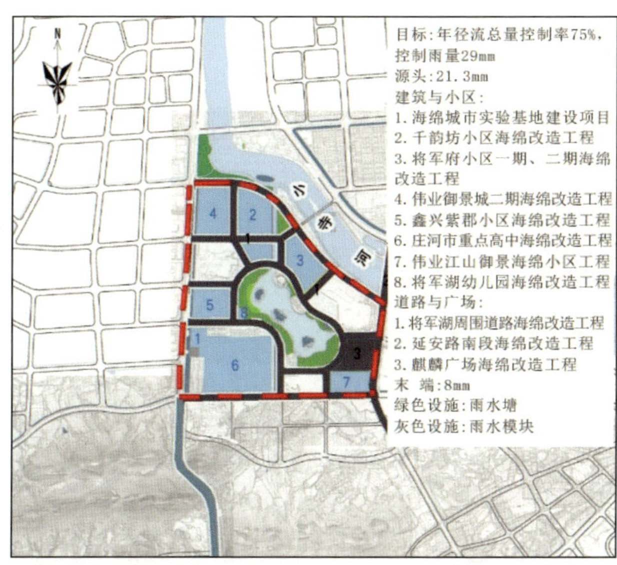

图 4-86 将军湖片区实施目标分解

表 4-31 将军湖片区重点项目控制率指标分解

序号	任务名称	年径流总量控制率（%）	年 SS 总量去除率（%）	项目类型	项目分类
—	将军湖排水分区	75	50	—	—
1	海绵城市实验基地建设项目	75	45	建筑小区	源头
2	千韵坊小区海绵改造工程	55	35	建筑小区	源头
3	将军府小区一期海绵改造工程	55	35	建筑小区	源头
4	将军府小区二期海绵改造工程	55	35	建筑小区	源头
5	伟业御景城二期海绵改造工程	60	38	建筑小区	源头
6	鑫兴紫郡小区海绵改造工程	75	50	建筑小区	源头
7	麒麟广场海绵改造工程	55	35	广场	源头
8	庄河市重点高中海绵改造工程	70	40	学校	源头
9	伟业江山御景海绵小区工程	75	45	建筑小区	源头
10	将军湖幼儿园海绵改造工程	80	50	学校	源头
11	将军湖周围道路海绵改造工程	75	45	道路	源头
12	延安路南段海绵改造工程	75	45	道路	源头
13	将军湖停车场海绵改造工程	80	55	停车场	源头
14	将军湖排水管网清淤工程	—	—	管网	过程
15	将军湖水环境整治工程	80	50	水系治理	过程、系统

4.4.1.2 李屯排水沟片区方案

1）现状及问题分析

（1）现状情况

李屯排水沟片区位于将军湖南侧，锦绣大街、延安路南侧，疏港路东侧，滨河路西侧、山北支路北侧，片区多为村庄及新建开发地块，面积 284.5 hm^2，包括 4 个新建地块以及 2 个在建地块、9 条道路。本片区内大部分地为农村居住用地和农田，下垫面情况较好，李屯排水沟从区域西侧蜿蜒穿过片区汇入小寺河。

该片区建设项目包括山北支路（长度 2567 m，占地 85148 m^2）、将军湖 1 号路南延（长度 487 m，占地 13560 m^2）、将军湖 11 号路（长度 426 m，占地 7240 m^2）和将军湖 12 号路（长度 1075 m，占地 19167 m^2）道路海绵城市建设工程，状秀苑、英伦河山小区海绵城市建设工程，以及李屯排水沟（长度 2760 m）海绵城市建设工程（图 4-87）。

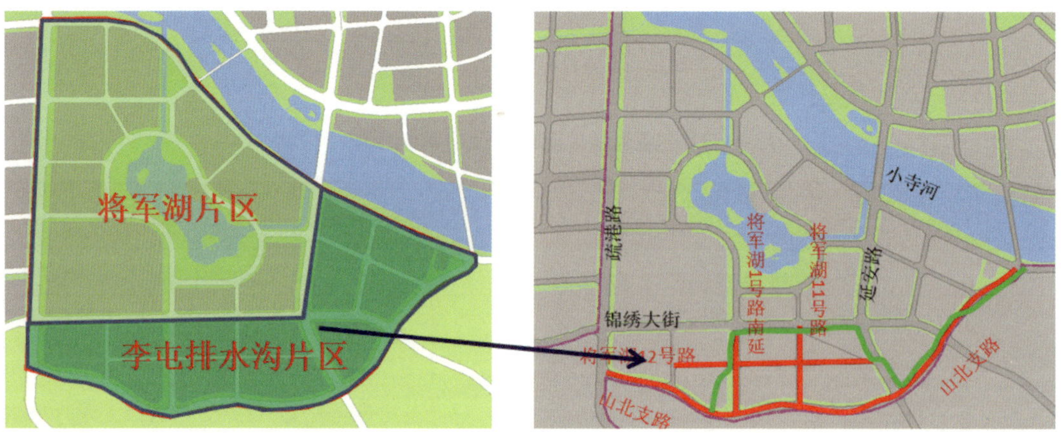

图 4-87 李屯排水沟片区区位及路网

（2）问题分析

李屯排水沟片区南侧为九顶梅花山，雨季大量山洪汇集，成为本区域以外的来水，增加了内涝风险。

2）总体技术路线与建设目标

（1）技术路线

李屯排水沟片区的海绵城市建设总体技术路线如图 4-88 所示。

（2）建设目标

径流控制目标：年径流总量控制率 80%，对应 34.9 mm 设计降水量控制；年 SS 总量去除率达到 55%。

排水管网目标：3 年一遇管网设计标准。

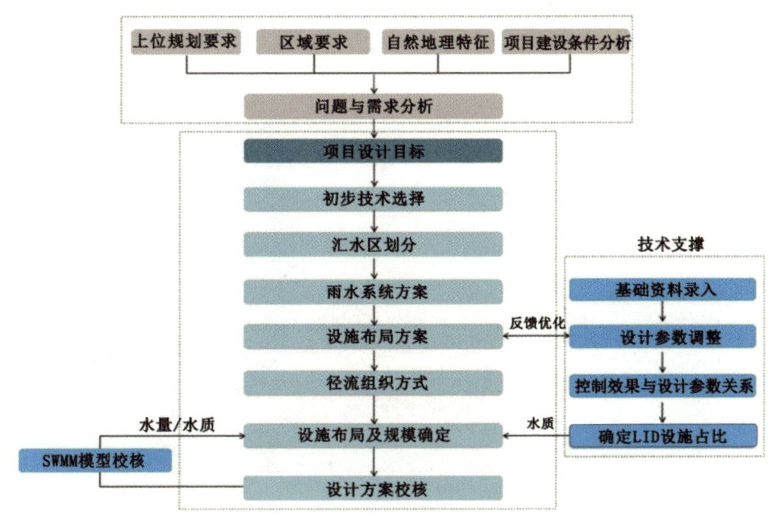

图 4-88 李屯排水沟片区海绵城市建设总体技术路线

防洪排涝目标：20 年重现期雨水防涝设计。

3）源头减排系统实施方案

李屯排水沟片区为新建区域，地块控制指标按照《大连市庄河海绵城市建设专项规划（2016—2035）》要求确定，各小区、道路控制指标根据控规道路断面绿地情况确定，具体见表 4-32。

表 4-32 片区各项目径流量控制目标

项目	面积（m^2）	径流总量控制率	控制降水量（mm）	SS 去除率
状秀苑	68000	75%	29.0	45%
英伦河山	72000	80%	34.9	50%
山北支路	85148	75%	29.0	50%
将军湖 1 号路南延	13560	80%	34.9	55%
将军湖 11 号路	7240	85%	43.0	60%
将军湖 12 号路	19167	85%	43.0	60%

本次规划区域总面积为 1118000 m^2，其中绿地面积 388200 m^2，透水铺装面积 112000 m^2，年径流总量控制率为 80%，对应降水量 34.9 mm，需控制雨量为 23000 m^3，LID 设施调蓄容积为 272000 m^3，大于 23000 m^3，故区域可达到年径流总量控制率为 80% 目标（图 4-89、表 4-33）。

图 4-89 李屯排水沟片区调蓄量计算分区

表 4-33 李屯排水沟片区各分区 LID 设施调蓄量

指标项目	地块总面积（m^2）	需控制容积（m^3）	下渗量（m^3）	调蓄容积（m^3）
分区 A	2.979×10^5	1.04×10^4	0.32×10^4	0.72×10^4
分区 B	3.212×10^5	1.12×10^4	0.31×10^4	0.81×10^4
分区 C	4.989×10^5	1.74×10^4	0.55×10^4	1.19×10^4
合计	1.118×10^6	3.9×10^4	1.18×10^4	2.72×10^4

4）末端水体生态保护方案

整个片区李屯排水沟为最低区域，承载山洪及地块涝水排放。根据李屯排水沟固有路由及断面，划定排水沟红线，与控制性详细规划衔接，确定排水渠路由及断面形式，采取生态沟渠方式，对排水沟进行生态修复，建立水质保障系统，确保排水沟水质及生态景观，使其同时兼具排洪、排涝功能（图 4-90）。

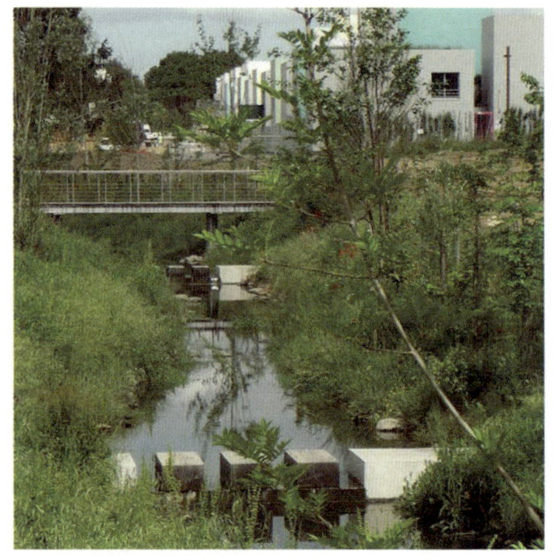
图 4-90 生态排水沟示意

5）内涝防治系统建设方案

李屯排水沟片区整体竖向南高北低、西高东低，南侧临近山体受山洪威胁，中心李屯排水沟穿过地块排入小寺河。依据现状地形地势结合控规，对片区竖向高程进行分析，以减小道路纵坡和减少土方挖填量为原则，对片区道路竖向进行合理规划和调整，设置合理的道路行泄通道，使雨水沿道路就近排入受纳水体，保障超标雨水快速排入李屯排水沟，最后汇入小寺河，达到 20 年一遇降雨不积水的标准。具体竖向设计控制要求及行泄通道道路竖向设计控制如图 4-91、图 4-92 所示。

图 4–91　道路竖向控制

图 4–92　行泄通道布置

为防止潮水倒灌将污泥带入李屯排水沟，同时使其在雨季有排出洪水功能，非雨天起到一定蓄水功能，在李屯排水沟出口处按 20 年重现期潮水位和 50 年重现期洪水位组合水位设置一道钢板闸。

6）项目与目标衔接关系

依据建设目标、现场改造条件及存在的主要问题梳理源头消减、过程控制、系统治理项目与控制指标关系（图 4-93、图 4-94，表 4-34）。

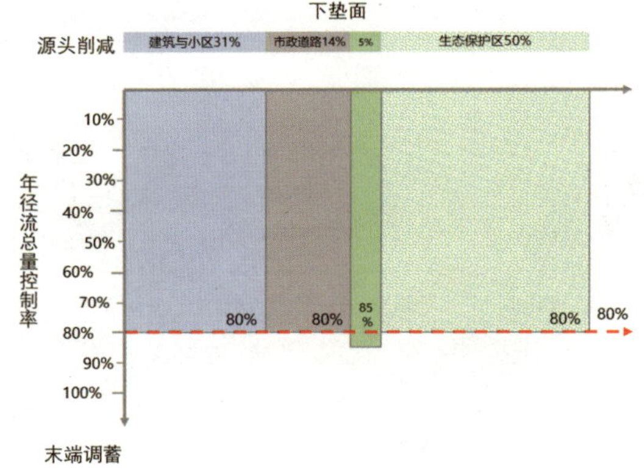

图 4–93　李屯排水沟片区径流总量控制率

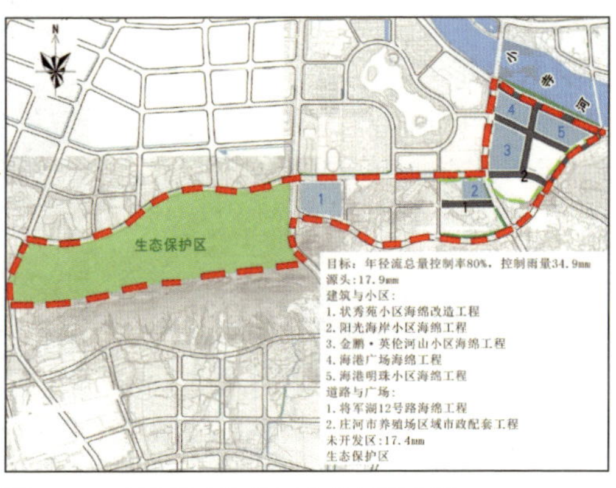

图 4–94　李屯排水沟片区实施目标分解

表 4-34 李屯片区重点项目控制率指标分解

序号	任务名称	年径流总量控制率（%）	年 SS 总量去除率（%）	项目类型	项目分类
一	李屯排水沟片区	80	55	—	—
1	状秀苑小区海绵改造工程	75	45	建筑小区	源头
2	将军湖 12 号路海绵工程	85	60	道路	源头、过程
3	李屯排水沟海绵改造工程	—	—	水系治理	系统
4	庄河市养殖场区域市政配套工程（滨河路南段）	85	60	道路	源头、过程
5	庄河市养殖场区域市政配套工程（1 号路）	80	50	道路	源头、过程
6	庄河市养殖场区域市政配套工程（2 号路）	75	50	道路	源头、过程
7	庄河市养殖场区域市政配套工程（锦绣路南延段）	75	50	道路	源头、过程
8	庄河湾（小寺河）海域整治修复工程	85	60	防洪工程	系统
9	金鹏英伦河山小区海绵工程	75	45	建筑小区	源头
10	海港广场海绵工程	75	50	广场	源头
11	海港明珠小区海绵工程	75	50	建筑小区	源头

4.4.1.3 中心医院海绵城市示范片区综合整治

1）现状及问题分析

中心医院片区位于新华路东侧，总占地面积 856000 m^2。片区内有 4 个小区，1 个医院，4 条道路，其中海绵城市工程建设项目有水仙公馆一期、二期海绵改造工程、帝璟东方圣菲小区海绵改造工程、中心医院海绵改造工程以及新华路（建设大街至延安路段）、向阳路南段道路（建设大街至中心医院北侧路段）、中心医院北侧道路（新华路至延安路段）等道路改造工程（图 4-95）。

图 4-95 中心医院片区区位

2）技术路线与建设目标

（1）技术路线

因地制宜，结合片区现状特点，重点解决建筑及周边硬质铺装区域的雨水收集问题，适度改造绿地，通过源头减排设施的建设来实现雨水的分散调蓄。

建筑屋顶雨水收集是对雨落管进行断接改造，使屋顶雨水进入建筑周边改造后的雨水净化调蓄设施内。

绿地雨水收集蓄渗，主要集中对绿地进行改造，在保证内部雨水不外排的前提下，消纳附近铺装及相邻汇水分区的径流雨水。

道路及铺装区雨水收集，主要将路面雨水导流至周边下沉式绿地、旱溪等设施内进行调蓄。采取措施有雨水口截流改造等。

（2）建设目标

中心医院片区年径流总量控制率为 60%，对应降雨 17 mm，年 SS 总量去除率达到 40%。

3）源头减排系统实施方案

中心医院片区为建成成熟居住区，小区景观条件较好，不适宜大面积改造，按照因地制宜原则适度改造小区，4 个小区中有 3 个小区有改造意愿，片区道路绿地空间较小，根据铺装条件合理改造，确定各建设项目控制指标，见表 4-35。

表 4-35 片区各地块控制指标

序号	项目名称	地块类型	规模	控制指标
1	水仙公馆一期海绵改造工程	住宅区	111454 m^2	年径流总量控制率 50%，对应设计降水量 12.2 mm；SS 削减率达到 35%
2	水仙公馆二期海绵改造工程	住宅区	77475 m^2	年径流总量控制率 50%，对应设计降水量 12.2 mm；SS 削减率达到 35%
3	中心医院海绵改造工程	医院	77400 m^2	年径流总量控制率 70%，对应设计降水量 24.2 mm；SS 削减率达到 40%
4	向阳路南段道路海绵改造工程	城市道路	484 m^2	不对该项目定具体目标，根据实际情况因地制宜制定方案
5	中心医院北侧道路海绵改造工程	城市道路	474 m^2	年径流总量控制率 50%，对应设计降水量 12.2 mm；SS 削减率达到 35%
6	新华路（建设大街至延安路段）道路海绵改造工程	城市道路	1121 m^2	不对该项目定具体目标，根据实际情况因地制宜制定方案
7	帝璟东方圣菲小区海绵改造工程	住宅区	54000 m^2	年径流总量控制率 50%，对应设计降水量 12.2 mm；SS 削减率达到 35%

因可改造空间有限，源头改造不能满足片区年径流总量控制率要求，根据片区管网排向，最终汇入延安路东侧排水渠以及小寺河东岸排水渠。改造两条排水渠使其作为合流制溢流调蓄池，最终控制片区径流污染，使片区年径流总量控制率达到片区指标要求。

4）末端调蓄控制方案

根据源头场地、道路控制指标计算得出，源头调蓄容积为 3052.34 m^3，而片区目标调蓄量为 8420.44 m^3，远达不到片区达标要求，中心医院管网排口排入小寺河东岸排水渠，对排水渠进行调蓄改造，末端调蓄控制考虑 0.2 的安全系数，所以外排到小寺河东岸排水渠的量大致约为 6441.72 m^3。

5）项目与目标衔接关系

依据建设目标、现场改造条件及存在的主要问题梳理源头消减、过程控制、系统治理项目与控制指标关系（图 4-96、图 4-97，表 4-36）。

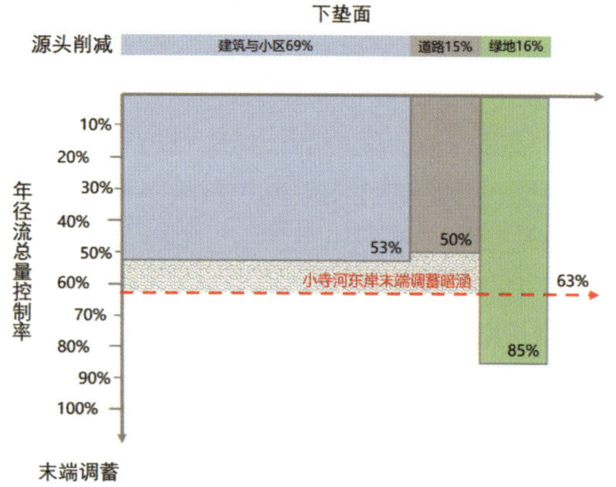

图 4-96 中心医院片区年径统计总量控制率

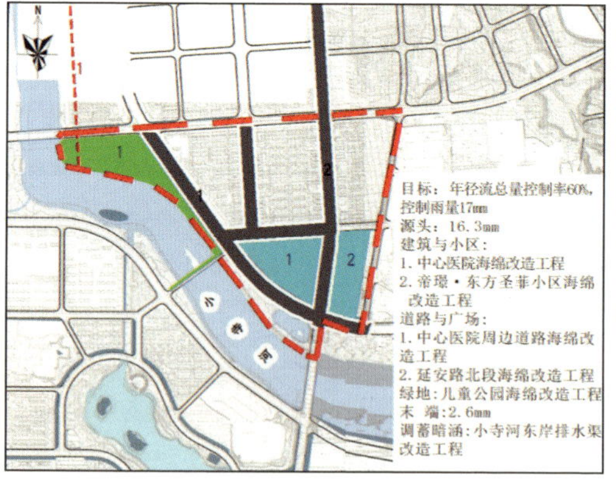

图 4-97 中心医院片区实施目标分解

表 4-36 中心医院片区重点项目控制率指标分解

序号	任务名称	年径流总量控制率（%）	年 SS 总量去除率（%）	项目类型	项目分类
—	中心医院排水分区	60	40	—	—
1	中心医院周边道路海绵改造工程	55	35	道路	源头
2	小寺河东岸排水渠清淤改造工程	—	—	水系治理	过程、系统
3	儿童公园海绵改造工程	90	60	绿地公园	源头
4	中心医院海绵改造工程	70	40	医院	源头
5	帝璟东方圣菲小区海绵改造工程	55	35	建筑小区	源头
6	延安路北段海绵改造工程	55	35	道路、调蓄	源头
7	延安路东侧排水清淤改造工程	—	—	水系治理	过程、系统

4.4.1.4 明珠湖示范片区综合整治

1）现状及问题分析

明珠湖片区三面环水，西邻小寺河，东邻庄河，南接黄海，内部由暗渠联通地块与周边水系，片区面积 96 hm^2。

区域共 12 条道路，道路总长 9494 m，其中主干路 6114 m，次干路 1578 m，支路 1802 m，所有道路车行道部分已经全部建成。1 个商业建筑，2 个在建小区，1 个新建小区，其余地块近期未有建设计划。1 个明珠湖广场，面积 12 hm^2（图 4–98）。

图 4–98 区域范围

2）技术路线及建设目标

（1）技术路线

片区采用绿色加灰色基础设施相结合，统筹源头减排雨水系统、城市雨水灌渠系统及超标雨水径流排放系统，源头减排雨水系统可以通过对雨水的渗透、储存、调节、转输与截污净化等功能，有效控制径流总量、径流峰值和径流污染。海绵城市强调优先利用植草沟、雨水花园、下沉式绿地等“绿色”措施来组织排水，以源头雨水分散排放，利用生物滞留池、植被缓冲带等源头减排设施降低径流速度，以空间换时间，延缓峰值时间。

下渗减排与集蓄利用相结合，先利用场地源头设施对径流进行促渗减排，部分径流雨水可予以调蓄净化和回收利用，雨水收集最后实现安全有序排放（图 4–99）。

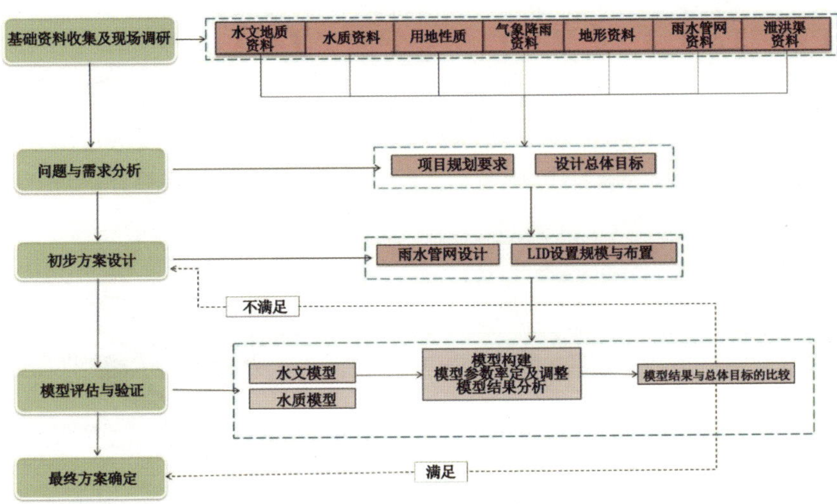

图 4–99 明珠湖片区径流组图

（2）建设目标

明珠湖片区海绵城市总体建设目标是通过海绵城市建设，切实改善明珠湖片区的水资源、水环境、水安全、水生态问题，通过以水定地，因水制宜，调整布局，增加土地利用率和凸显土地价值。以水系为基础，以保护水系为理念，考虑水系、路网、基础设施之间的协调统一，合理布置路网结构，使水系与路网有机结合。通过生态优先，海绵城市的设计理念以及区域联动的对策和战略最终得以实现。海绵城市建设控制目标如下：

①总目标：年径流总量控制率达到 72%，26.1mm。

②水环境：年 SS 总量去除率达到 48%。

③水安全：内涝防治标准达到 20 年一遇；雨水管网设计达到 3 年一遇的标准。

④水资源：雨水资源利用率达到 10%。

3）源头减排系统实施方案

绿色与灰色基础设施结合：统筹低源头减排雨水系统、城市雨水灌渠系统及超标雨水径流排放系统，源头减排雨水系统可以通过对雨水的渗透、储存、调节、转输与截污净化等功能，有效控制径流总量、径流峰值和径流污染。海绵城市强调优先利用植草沟、雨水花园、下沉式绿地等“绿色”措施分散雨水源头排放，利用生态带等源头减排设施降低径流速度，以空间换时间，延缓峰值时间。

促渗减排 + 集蓄利用，先利用场地源头设施对径流进行促渗减排，部分径流雨水可予以调蓄净化和回收利用，雨水收集最后实现安全有序排放。

4）末端控制方案

规划范围内地块排水方式主要有 3 种：地面径流通过暗渠和雨水管网排入小寺河；地面径流通过暗渠和雨水管网排入庄河。对于汇入小寺河入海口的，在排口建设末端在线管道过滤设施净化雨水直接入海；汇入庄河排水暗渠区域结合城关工业园片区整体进行调蓄控制。

5）项目与目标衔接关系

依据建设目标、现场改造条件及存在的主要问题梳理源头消减、过程控制、系统治理项目与控制指标关系（图 4-100、图 4-101，表 4-37）。

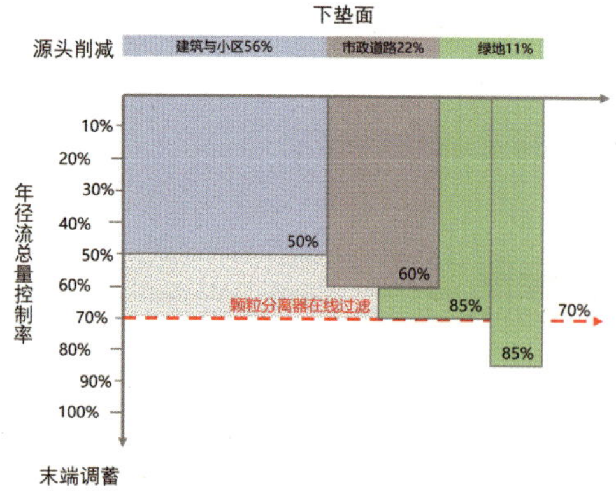

图 4-100 明珠湖片区年径流总量控制率

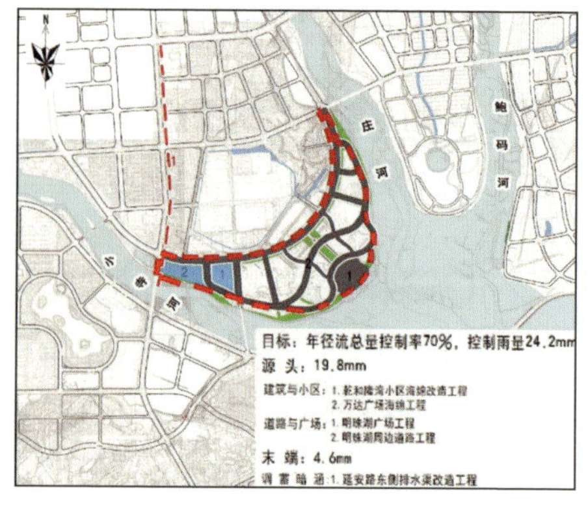

图 4-101 明珠湖片区实施目标分解

表 4-37 明珠湖片区重点项目控制指标分析

序号	任务名称	年径流总量控制率（%）	年 SS 总量去除率（%）	项目类型	项目分类
1	明珠湖广场海绵改造工程	70	45	广场	过程、系统
2	明珠湖一号路海绵改造工程	70	44	道路	源头、过程
3	明珠湖二号路海绵改造工程	70	44	道路	源头、过程
4	明珠湖三号路海绵改造工程	70	44	道路	源头、过程
5	明珠湖五号路海绵改造工程	70	44	道路	源头、过程
6	明珠湖六号路海绵改造工程	70	44	道路	源头、过程
7	明珠湖八号路海绵改造工程	70	44	道路	源头、过程
8	明珠湖环湖路西段海绵改造工程	70	44	道路	源头、过程
9	明珠湖环路海绵改造工程	70	44	道路	源头、过程
10	新华路东段海绵改造工程	70	44	道路	源头、过程
11	万达广场海绵改造工程	60	40	广场	源头
12	乾和隆湾小区海绵改造工程	60	40	建筑小区	源头

4.4.2 流域黑臭水体治理方案

4.4.2.1 农村分散式雨污水控制

小寺河中心城区段上游有大面积的农村分散式雨污水污染，农村生活污水排入沟渠最终汇入小寺河，经初步估算，农村片区面积约 4.48 km^2，区域年均雨水总量接近 2.68×10^6 t，污水总量约 5000 t/d。

农村污水均以散排方式排放，较为分散，多数农村区域以地下水为生活用水水源，用水量少，且每户基本都有庭院种菜，生活污水多来源于菜地浇灌，当地具有较多家禽养殖户，养殖产生的污水对地下水与沟渠污染严重，造成地下水大肠杆菌指标超标，且庄河地处寒冷地区，对污水的处理需考虑冬季运行效果。针对农村厕所这类较大的污染源建设化粪池设施，相对集中的污染源建设污水管线，在排水渠末端适宜区域建设小型地下式污水处理设施，如地下式生物接触氧化池，对农村污水进行处理（图 4-102）。

农村雨水径流对水质的污染相对较轻，由于该部分区域绿地条件较好，临近污水处理设施，因此选择建设雨水湿地、雨水塘等生态调蓄设施，将排水沟雨水截流至雨水调蓄设施，进行调蓄净化处理后再排入小寺河。雨水塘、雨水湿地等生态净化设施可对污水处理设施尾水进一步净化，使其达到Ⅳ类水体标准。生态措施主要处理雨水径流污染，而冬季降水量较少，可保证其处理效果。

图 4-102　农村生活污水处理平面示意

4.4.2.2　工业废水与垃圾监管

小寺河存在部分工业区废水偷排至小寺河的问题，对河道污染严重，该部分工业区内多为水产加工企业，有部分家具制造、机械制造、橡胶加工企业，应加强环保监管，对偷排企业进行查处整改，增加企业污水处理设施，达标后排放至市政管网。

对于垃圾倾倒及排水渠周边厕所直排等产生的污染，应进行清理，拆除排水渠周边临建厕所，沿排水渠设置垃圾堆放点并对排水渠进行清淤，避免在河道周围随意堆放垃圾，并定期进行清理，通过优化管理减少垃圾对水体的污染。

该区域的工业废水及垃圾分布情况如图 4-103 所示，监管方案示意如图 4-104 所示。

图 4-103　工业废水及垃圾分布情况

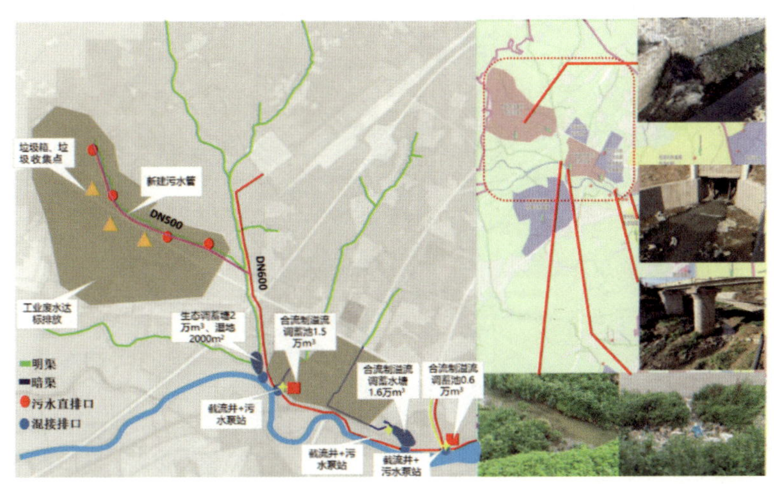

图 4-104 工业废水及垃圾监管方案示意

4.4.2.3 小寺河西侧疏港路北段雨水系统综合整治方案

小寺河西侧疏港路以西片区，以工业区、居住区、棚户区为主，片区主要为分流制排水系统，但存在严重的混接问题及部分合流制区域，部分混接污水、生活污水直排入小寺河，雨水直排入河，严重污染河道，是小寺河主要污染区域。疏港路北段改造方案主要包括以下内容：疏港路西侧片区截污工程、合流制溢流污染控制工程、雨水径流污染控制工程、排水渠水生态修复工程、疏港路海绵改造工程。疏港路北段截污改造方案如图 4-105 ~图 4-107 所示。

除将军湖片区外，目前大部分工业园区的排水仍然以雨污合流为主，部分存在生产废水不经处理，直接偷排入小寺河水体的情况。从最新完成的控规情况来看，未来该片区路网建设逐渐完善后，各个地块的重新建设及提升改造比例较高。

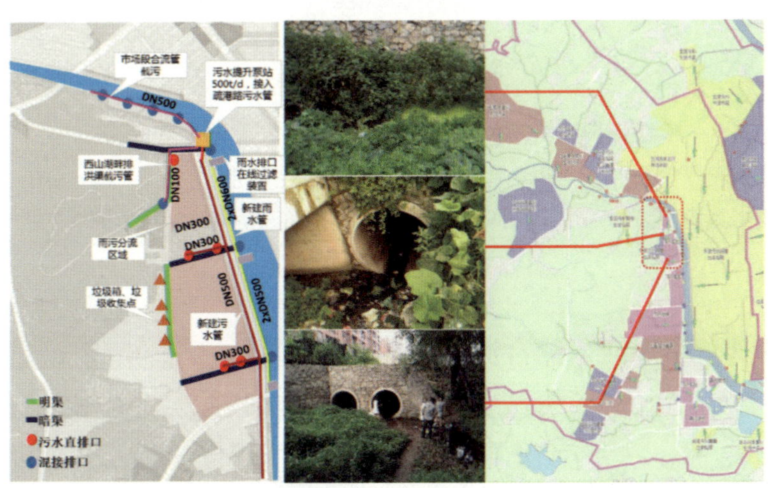

图 4-105 疏港路北段截污改造方案示意一

图 4–106 疏港路北段截污改造方案平面示意二

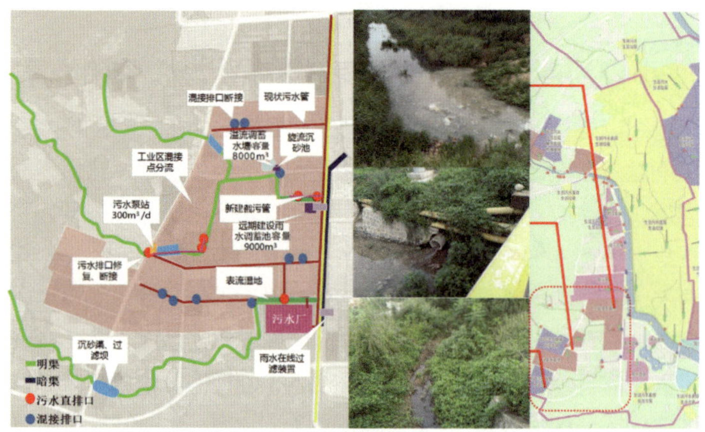

图 4–107 疏港路北段截污改造方案平面示意三

近期主要整治措施：

①对工业废水的偷排情况进行严格管控。

②对疏港路西侧合流制区域进行雨污合流系统的综合改造。

③道路源头减排系统建设。远期分流制区域整治措施为：结合各个地块的控规，将海绵城市建设指标纳入建设要求。

4.4.2.4 小寺河东侧合流制溢流建设项目

小寺河东岸有两条排水渠，分别为东岸主排水渠和延安路排水渠。东岸主排水渠为合流制，承载主城区约三分之二区域的污水排放；延安路排水渠为雨水排水渠，存在部分污水混接问题。

小寺河东南侧合流制溢流控制项目主要由三部分组成：

①对于沿河东侧形成的暗渠进行多功能调蓄改造，将现有雨污水排放暗渠改造为合流制溢流调蓄隧道，初步估算调蓄容积可达到 25000 ~ 30000 m^3。

②结合新华广场、五一广场地下合流制溢流调蓄池的建设，可增加 20000 m^3 调蓄空间，总计汇水流域约 9.6 km^2，调蓄总量达到 50000 m^3，可实现调蓄降雨深度约 10 mm，折算年径流总量控制率约 45%。

③延安路排水渠溢流控制工程。

暗渠清淤与合流制溢流改造示意如图 4-108 所示。

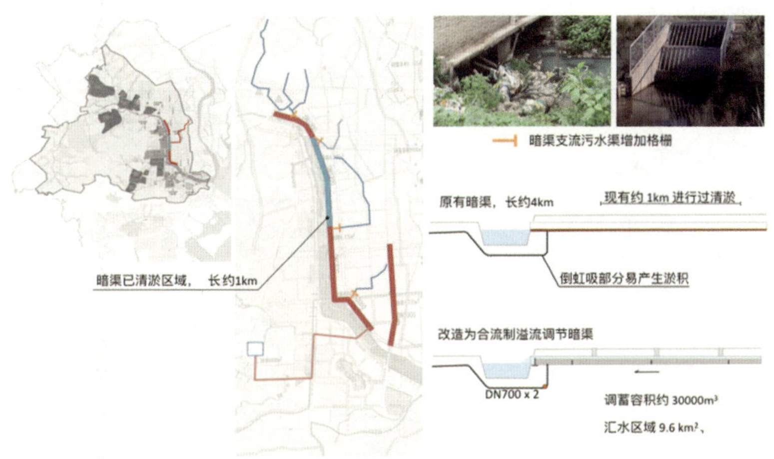

图 4-108 暗渠清淤与合流制溢流改造示意

（1）东侧主排水暗渠合流制调蓄设施的改造

小寺河东侧暗渠现状为合流制排水渠道，大部分支流为暗渠，小部分支流为地面排水渠道。

首先，需要对小寺河暗渠上游支渠进行改造和清淤。其次，对东侧暗渠断面进行改造，增设末端防潮排门以及中间电控堰、冲洗排门等调蓄设施设备。改造后东侧暗渠具有旱季污水排放以及雨季合流制调蓄双重功能。具体流程为旱季维持现状，雨季增设电控闸门及排门，分格对调蓄池雨水进行调蓄，雨后将污染负荷较高的冲洗水与调蓄水共同送至污水处理厂进行处理。

该工艺每间隔约 500 m 需要改造检查井或盖板为配水槽与开放段冲洗清理段（图 4-109）。

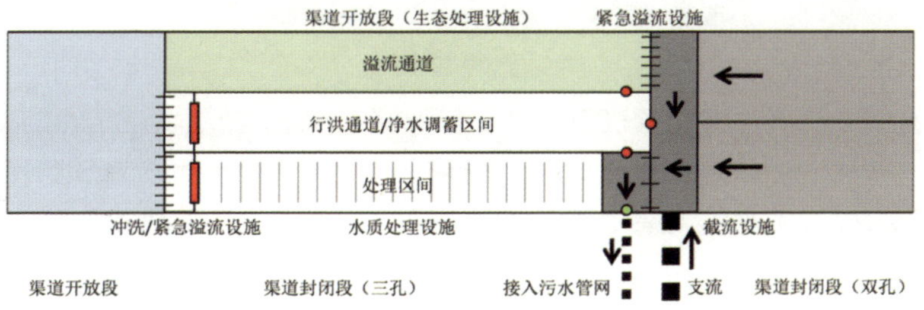

A- 图旱季污水流入污水处理厂

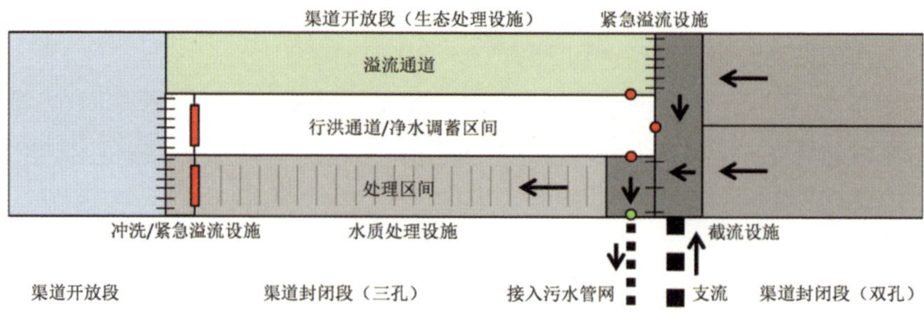

B- 降雨期（中小降雨）

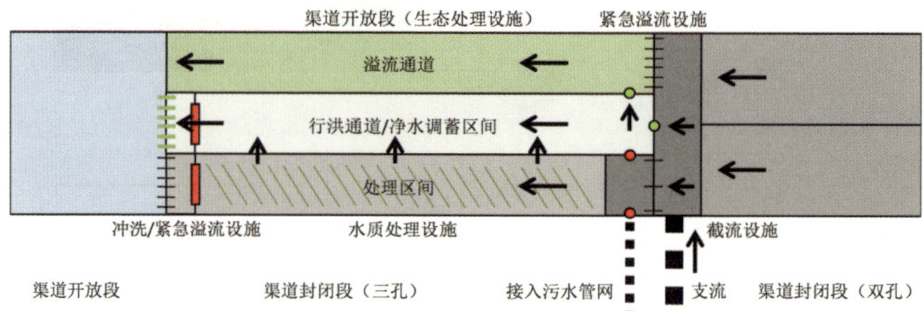

C- 降雨期（暴雨溢流）

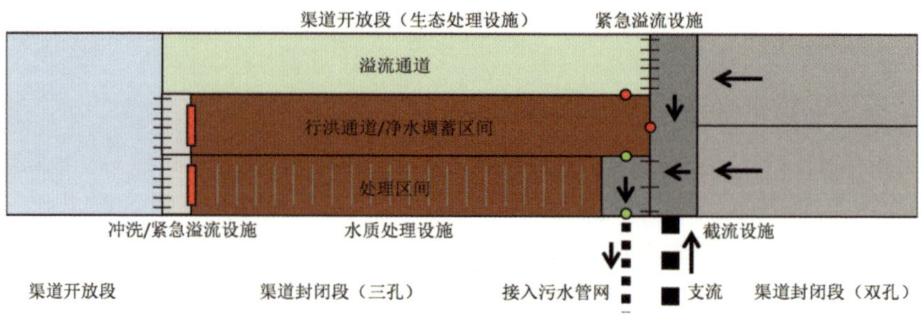

D- 雨后冲洗期（雨后冲洗）

图 4-109 小寺河东侧设施进水及冲洗流程示意

经过初步计算，小寺河东侧暗渠有效调蓄容积可达到 30000 m^3，通过改造暗渠检查井，增加电控堰、冲洗设施、断面改造实现调蓄与冲洗的一体化功能。

（2）新华广场、五一广场建设合流制溢流调蓄池

新华广场、五一广场预期可建设合流制溢流调蓄池，实现局部雨污合流水的综合控制。经过初步计算，新华广场合流制溢流调蓄池调蓄容积约 15000 m^3，五一广场地下合流制溢流调蓄池调蓄容积可达 7000 m^3，合计 22000 m^3，主要用于调蓄上游雨污合流水，调蓄池运行工况如图 4-110 所示。

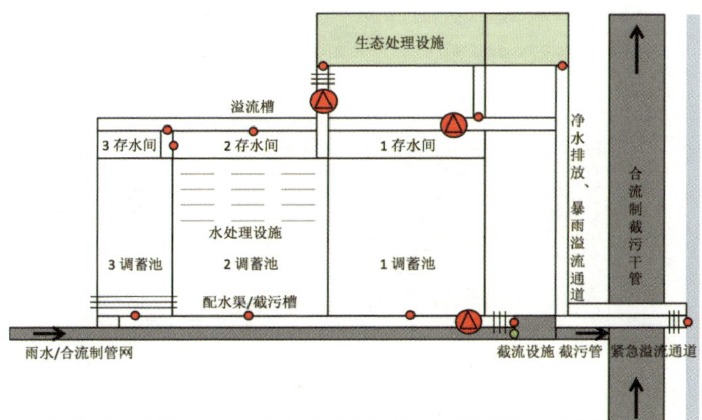

A– 旱季污水流入污水处理厂

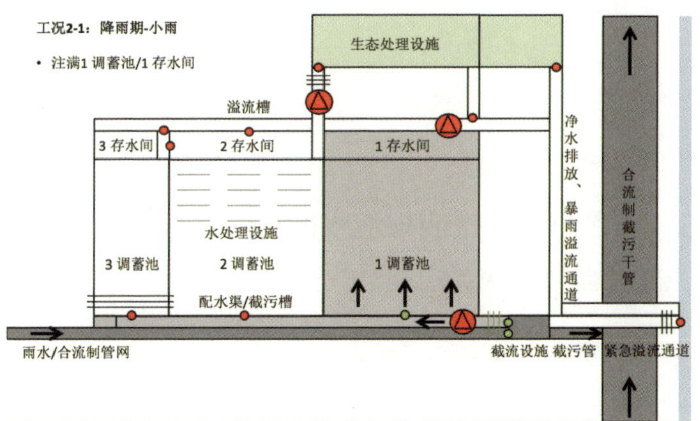

B– 降雨期（中小降雨）

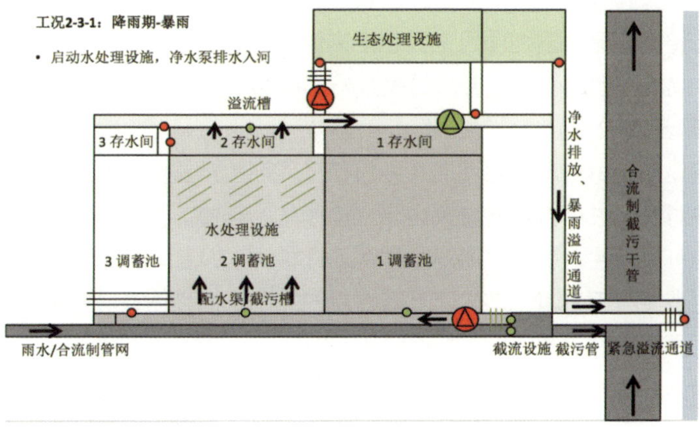

C– 降雨期（暴雨溢流）

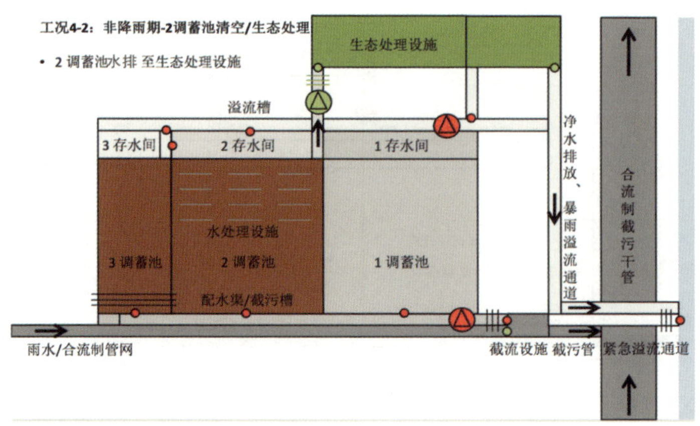

D– 雨后冲洗期（雨后冲洗）

图 4–110 合流制溢流调蓄池运行工况

延安路雨水调蓄池运行工艺与城区主排水渠相似，需对混接管网进行排查，进行源头分流控制。

4.4.2.5 小寺河生态整治与活水循环方案

小寺河底泥污染较为严重，需进行局部清淤处理，防治内源污染。排入小寺河的中心城区水体，水质总氮（TN）、总磷（TP）超标为劣 V 类水体，需考虑对上游来水进行控制，通过河道生态修复措施、活水循环方式强化河道自净能力，保障水质。下游入海口海水水质为劣 V 类水体，对小寺河水质影响较大，而近海水质较好，可见海水污染主要由入海口淤泥沉积造成，故对入海口进行红海滩湿地改造，固化淤泥，降低海水对河道水质的影响（图 4–111）。然而该区域为黑脸琵鹭觅食区，需进行专项论证确定是否建设红海滩湿地，本系统方案暂不考虑。

小寺河生态整治与尾水湿地项目主要包括内源治理、生态修复、活水循环等工程，涵盖了河道局部清淤、尾水湿地建设、生态修复等几方面内容。

（1）河道局部清淤

结合河道底泥的淤积情况，对河道集中排口底泥淤积严重的区域进行局部清淤，通过挖除表层污染底泥并对底泥进行合理处置来去除水体中的污染物，控制底泥中污染物的释放并发挥营养物质的生物可利用性，增强底泥对水体的净化能力，从而对河道进行有效治理。清理出的淤泥可制作成生态袋用于庄河、鲍码河上游堤岸的加固。初步估算清淤量有 $3.27 \times 10^5 m^3$。

（2）尾水湿地建设

沿疏港路新建再生水管线，将庄河污水处理厂出水经泵站提升至小寺河上游，并建设尾水湿地，使出水水质达到 IV 类水体标准（冬季除外），对小寺河进行补水。再生水引水工程可以通过稀释、冲刷和动水等作用来净化水体。补水工程通过引入污染物和营养盐浓度较低的清

图 4-111 小寺河内源治理方案平面示意

洁水来稀释水体，降低水体中污染物和营养盐的浓度，抑制藻类的生长，有效控制富营养化程度；冲刷作用能洗去水体中的藻类，降低水体中的藻类生物量，增加水体的透明度；动水可增强水体的动力，使水体由静变动，激活水体，可增加水体的复氧能力，从而加强水体的自净能力。

（2）生态修复

河道中下游以海水为主，进行大面积生态修复代价太大；上游区域多为淡水，且植物生长环境较好，宜进行河道生态修复。首先，在黄海大街北部修建橡胶坝，起到蓄水及景观营造的作用。其次，向水体中投放有针对性的微生物制剂，迅速改善水体内的微生物环境，微生物的生长繁殖可大量消耗水体中的碳、氮、磷等营养物质，并能抑制蓝绿藻的产生，提高水体的透明度，使阳光可射入水底，从而创造有利于水草生长的水体环境。水体透明度增加后，逐步恢复水体内沉水植被，沉水植被替代蓝藻进行水下光合作用，可释放出大量的溶解氧，吸收水体中过多的氮、磷等富营养物质，并产生化学作用进一步抑制蓝藻。水生植被恢复后，有益微生物向底泥扩散，促进底泥氧化还原电位升高，形成有利于水生昆虫和底栖生物生长的环境，与水生植被互利共生，形成底泥营养物质的封存和生态链自净（物质能量的逐步吸收转化）。再逐步向水体中引入螺、贝、鱼、虾类等高级水生动物，这样不仅可以清除水草表面的悬浮物，有利于水草的光合作用，又可以通过食物链把水体中的氮、磷营养物质从水体中转移出去，彻底降低水中的富营养化程度，达到彻底净化水质的目的。最后，沿河道浅水区域建设表流湿地系统，净化上游来水。通过综合性生态措施净化上游来水，保障汇入下游的水质达到 IV 类水体标准。

4.4.3 流域内涝治理方案

庄河市市区非试点范围内的内涝积水点主要有文化街、向阳路和新华路以及世纪大桥西北侧 4 处，分别对这 4 处积水点积水的原因进行分析，结合现状，因地制宜地制定出经济可行的内涝治理方案，达到消除积水点的目的。

（1）文化街内涝积水点整治措施

①设计 897 m 长 3 年一遇排水标准的雨水管道，采用 DN600 Ⅱ级钢筋混凝土承重管。管道敷设在机动车道下，雨水就近排入市政雨水管网内。

②将人行道铺装换成透水方砖，增加雨水下渗量，减少径流量。铺装面积为 11611.25 m^2。由于文化街年久失修，故对本文化街长 1342.57m 的油路面进行改造，改造范围包括文化街沥青路面及两侧部分硬覆盖顺接道路及附属构筑物。

（2）向阳路内涝积水点主要整治措施

新建雨水管线及溢流检查井等附属构筑物，使雨水径流就近进入雨水管网。向阳路设计新建雨水管道主干管全长 1763 m，管道排水设计标准为 3 年一遇。采用 DN600 ~ DN800 Ⅱ级钢筋混凝土承重管。管道敷设在机动车道下。

（3）新华路内涝积水点主要整治措施

①新建雨水管线及溢流检查井等附属构筑物，局部新建排水暗渠，与管渠结合使雨水径流就近进入雨水管网。新华路设计雨水管道主干管全长 1935.5 m，管道排水设计标准为 3 年一遇。采用 DN600 ~ DN1200 Ⅱ级钢筋混凝土承重管。管道敷设在机动车道下。设置排水暗渠长 112 m，渠底纵坡为 0.3125%。

②新华路路面损坏严重，对昌盛街至迎宾大街段长 1982.74 m 的路段进行改造设计，摊铺沥青混凝土路面 72456.97 m^2，调整检查井 163 个，调整雨水口 119 个，调整路缘石 4204.84 m（原路缘石 80% 被回收利用），拆除并恢复方砖 2040.86 m^2（原方砖 90% 被回收利用）拆除并恢复火烧板 95.10 m^2。拆除并恢复原栏杆 691.20 m 长。

（4）世纪大桥西北侧内涝积水点政治措施

世纪大桥西北侧积水点由于地势低洼，周边汇水面积较大，无排水设施，无法将雨水排入管网，且该区域为棚户区，建设固定式设施成本大，因此近期发生积水时多临时采用移动强排设备，远期动迁改造会调整地形及建设管网以消除积水点。

通过有针对性地积水点改造及源头减排、过程控制等系统治理措施，有助于缓解城市内涝风险，图 4-112 为规划情景下不同重现期庄河市内涝风险分析（淹水深度超过 15 cm）。

可以看出规划情景下虽然不同重现期降雨下城市内部仍然有部分地方发生内涝积水现象，但内涝积水范围明显缩小，较大重现期下主要积水点位置分布与现状评估基本一致，均为现状低洼地区。

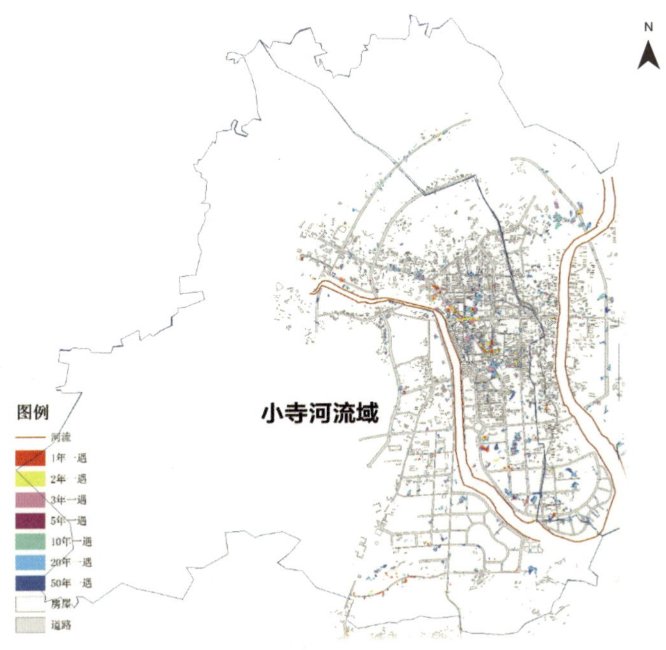

图 4–112　规划情景下内涝风险分析

4.5　庄河、鲍码河流域综合整治系统方案

从城东污水处理厂汇水范围来看，庄河、鲍码河流域整治关系较为密切，且流域开发面积较小，本方案将对两个流域进行统筹形成综合方案（图 4–113）。

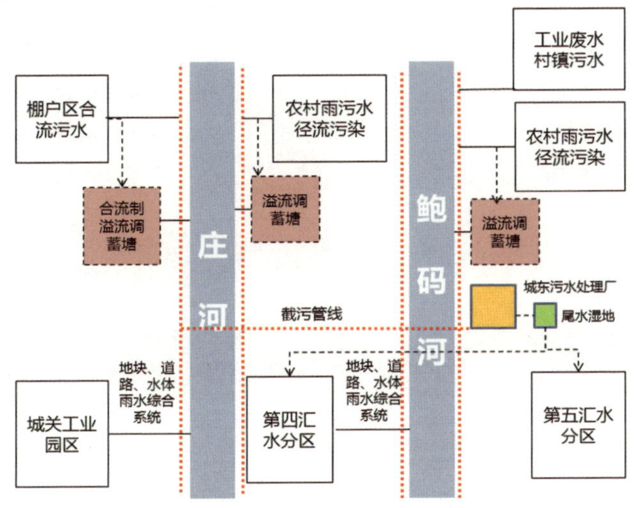

图 4–113　庄河、鲍码河黑臭水体治理近期主要项目分布示意

该系统方案由如下部分组成：

①城东污水处理厂项目，以一级 A 出水标准建设城东污水处理厂及其配套管线。考虑到近期污水处理厂收水范围有限，实施中可考虑水厂建设的近远期协调配套，建设庄河、鲍码河两岸截污管线，以及污水厂尾水湿地，尾水湿地净化出水用于生态科技文化区、休闲养生区景观补水。

②农村雨污水处理设施，以庄河、鲍码河两侧集中的农村区域作为主要控制对象，通过分散污水处理设施与调蓄湿地相结合的方式，对农村雨水、污水进行生态化整治。

③海绵城市建设与改造工程试点区，分别为城关工业园片区、生态科技文化区，水质需达到海绵城市建设要求。

④鲍码河、庄河水环境整治工程，包括水体清淤、生态驳岸改造、支管截污等工程。

⑤工业废水与垃圾监管，对重点污染企业进行监管整改，将达标排放污水接入截污干管，清理垃圾并设置垃圾箱、垃圾站，避免垃圾污染水体。

4.5.1 流域试点区海绵城市建设方案

4.5.1.1 城关工业园示范片区综合整治

1）现状及问题分析

城关工业园片区位于建设大街南侧、海港路东侧、新华路北侧，是典型的老旧工业区，园区基础设施建设不完善，涵盖 17 个工厂、4 条道路、1 条排水沟、1 个调蓄水体，片区面积约 97 hm^2。片区污水处理系统不完善，污水直接排入周边沟渠进入庄河入海口，水质污染严重；同时片区为周边最低点，是试点区典型的积水点区域（图 4-114、图 4-115）。

片区主要存在的问题有：

①北侧棚户区、部分明珠湖片区客水汇入，内涝风险高。

②北侧棚户区污水及径流雨水排入，造成水体污染。

③工业园区为合流制区域，废水排入管网及周边排水沟，造成水体严重黑臭。

④地势低洼，污水无法直接接入周边污水管线，污水直排入海。

⑤场地及沟渠垃圾堆积，环境差。

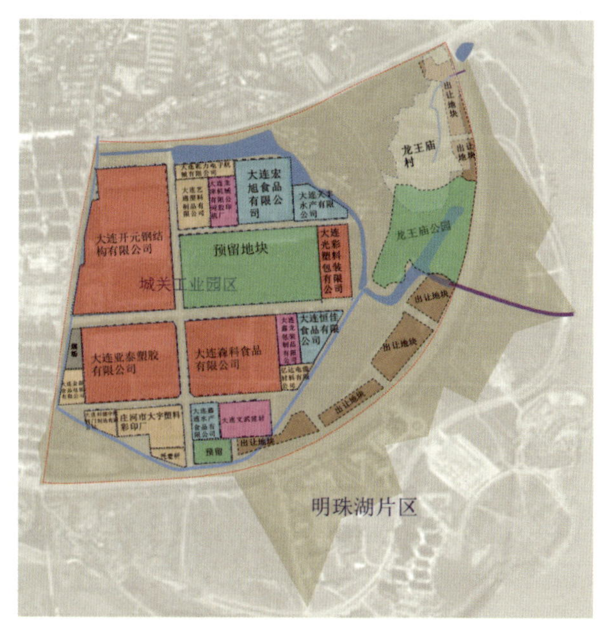

图 4-114　片区区域与设计范围

图 4-115 城关工业园片区污染情况

⑥工厂内部硬化下垫面较大，整体改造难度大。

2）技术路线与建设目标

片区采取源头减排、中途控制、末端处理的系统治理思路，同时考虑外围北侧棚户区、南侧明珠湖片区雨水的处理问题。道路周边具有自然的草沟系统，且草沟系统与排水沟、调蓄水体竖向衔接条件非常好，可充分利用现有草沟系统及排水沟、调蓄水体，构建“蓄、排”结合的“源头减排、排水管渠、排涝除险”综合系统，使整体片区达到 20 年一遇的内涝防治标准（图 4-116）。

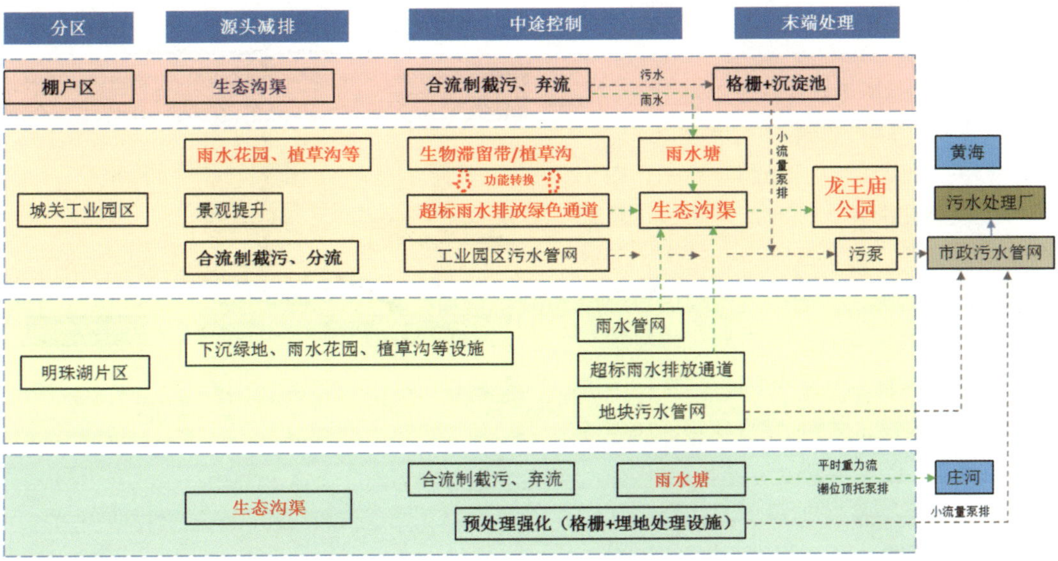

图 4-116 城关工业园区海绵城市建设技术路线

城关工业园总体指标要求有：

①径流总量控制率的控制目标为72%，对应设计降水量为26.1 mm，年SS总量去除率48%。

②管渠排水能力达到3年一遇的标准。

③有效应对20年一遇强降雨不内涝。

④应对50年一遇防潮标准（50年一遇潮位为3.14 m）。

⑤消除水体黑臭现象。

3）总体方案

主要建设内容（图4-117）包括：

①北侧棚户区雨污水末端截污、溢流控制。

②工业园区企业污水均通过管道截污至中心道路下污水管道，向南经提升泵站接入新华路污水管道。

③工业园区与明珠湖片区的源头控制系统构建。

④工业园区中心道路改造，周边建设生态沟渠。

⑤利用末端沟渠及周边开放空间构建区域蓄排系统，建设龙王庙公园。

4）源头减排系统方案

（1）厂区源头控制

源头减排方面以“滞蓄”为主，由于部分工程硬化面积大、改造难度大，且部分工厂已停产，源头改造意义不大，因此为避免过度海绵化，选择具有改造意愿且具有一定改造条件的大连亚泰塑胶有限公司、大连森科食品有限公司的2个厂区进行源头减排改造，达到72%年径流总量控制率的要求（图4-118）。

厂区采用源头减排雨水源头控制利用设计，将厂区的地形、地貌和建筑相结合，

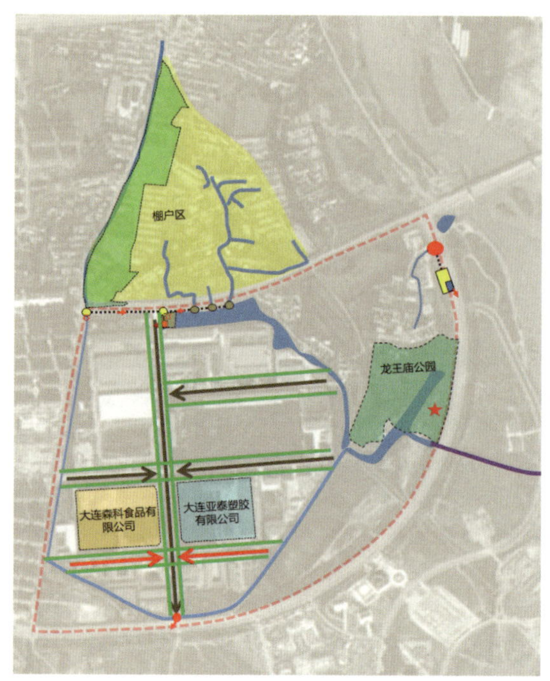

图4-117 总体方案

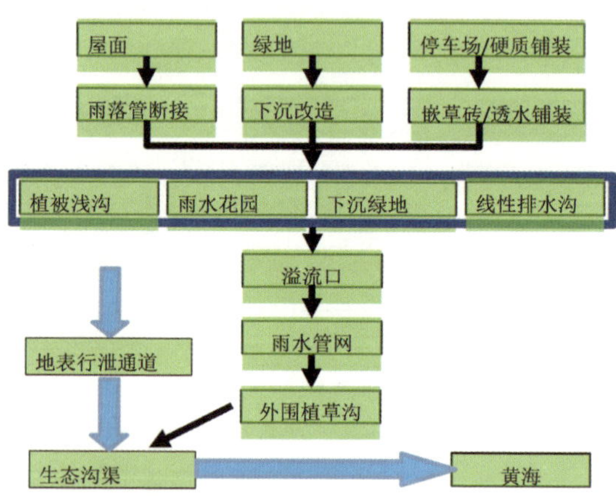

图4-118 改造方案

在源头采用分散和集中相结合的方式控制雨水的收集、下渗、处理和利用。在厂区中，按照雨水水质的不同，将小区雨水分为屋面雨水和道路雨水两类，分别采用透水路面技术、浅草沟等源头减排技术，减少雨水径流量，去除径流污染，延缓厂区径流峰值出现时间，减轻厂区外雨水管道的排洪压力。

（2）市政道路源头控制

工业区道路多数已破损，将其周边草沟适度改造为滞蓄型草沟，既可调蓄道路雨水，也可兼顾周边工厂地块的雨水控制，最大化实现源头减排。

通过地形分析和流域分析得到道路的汇水范围和面积，然后计算道路周边地块的客水径流量，依据设计降水量和现场勘查情况，确定道路周边地块的年径流总量控制率和控制降水量，然后再确定道路客水量。

城关工业园示范片区植草沟控制目标见表 4-38。

表 4-38 城关工业园示范片区植草沟控制目标分解

序号	植草沟编号	地块汇水面积（m^2）	综合径流系数	道路路面汇水面积（m^2）	综合径流系数	年径流总量控制率（%）	对应降水量（mm）	目标控制容积（m^3）
1	1 号路北	30438.50	0.64	3979.50	0.7	72	26.1	581.15
	1 号路南	35537.50	0.64	3979.50	0.7	72	26.1	666.32
	2 号路东	7137.00	0.64	2280.00	0.7	72	26.1	160.87
	2 号路西	17015.00	0.64	2280.00	0.7	72	26.1	325.87
2	3 号路东	18539.00	0.64	2835.00	0.7	72	26.1	361.47
	3 号路西	10095.00	0.64	2835.00	0.7	72	26.1	220.42
	4 号路北	35598.00	0.64	7299.00	0.7	72	26.1	727.98
	4 号路南	27205.00	0.64	7299.00	0.7	72	26.1	587.79
	5 号路北	29410.00	0.64	4434.00	0.7	72	26.1	572.27
	5 号路南	13180.00	0.64	4434.00	0.7	72	26.1	301.17
3	6 号路西	12375.00	0.64	2905.00	0.7	72	26.1	259.79
	7 号路北	13691.00	0.64	2523.00	0.7	72	26.1	274.79
	7 号路南	8400.00	0.64	2523.00	0.7	72	26.1	186.41
4	8 号路北	29979.00	0.64	3086.00	0.7	72	26.1	557.15
	8 号路南	9758.00	0.64	3086.00	0.7	72	26.1	219.38
5	6 号路东	12963.00	0.64	2905.00	0.7	72	26.1	269.61
	9 号路东	5043.50	0.64	2309.50	0.7	72	26.1	126.44
	9 号路西	8821.50	0.64	2309.50	0.7	72	26.1	189.55

5）积水点改造及排涝除险方案

城关工业园片区是典型的城中老工业区，区域配套基础设施条件较差，存在严重的水体黑臭、潮水顶托内涝问题，改造时利用工业区现有的草沟系统，建设“纯绿色”的雨水草沟排放系统，兼顾大小排水功能，同时构建具有“截污、滞蓄、净化”功能的水质净化系统。

园区积水主要是由于排水管网不完善，导致大面积客水汇入造成的积水。通过建立绿色排水系统及地表行泄通道，就近将积水雨水排入周边草沟，汇入龙王庙公园。具体方案如下：

排水管渠方面，工业园区无污水系统且雨水排放系统不完善，因此改造时充分利用现有草沟构建无灰色管线的草沟雨水排放系统，可满足 3 年一遇的标准要求，原雨水管线改为污水管线。

排涝除险方面，充分利用现有草沟、排水渠、调蓄水体，构建“以排为主，蓄排结合”的防涝系统，道路草沟兼顾中小降雨滞蓄作用，同时承担排水管渠功能，结合园区道路竖向的合理改造，使草沟、道路行泄通道达到 20 年一遇要求；通过竖向与排水沟衔接，对排水沟进行清淤扩容，局部区域采取“灰色”浆砌方式保障排水断面，将排水沟与调蓄水体连接，经调节后排入大海，通过模型分析可实现片区 20 年一遇内涝要求（图 4-119）。

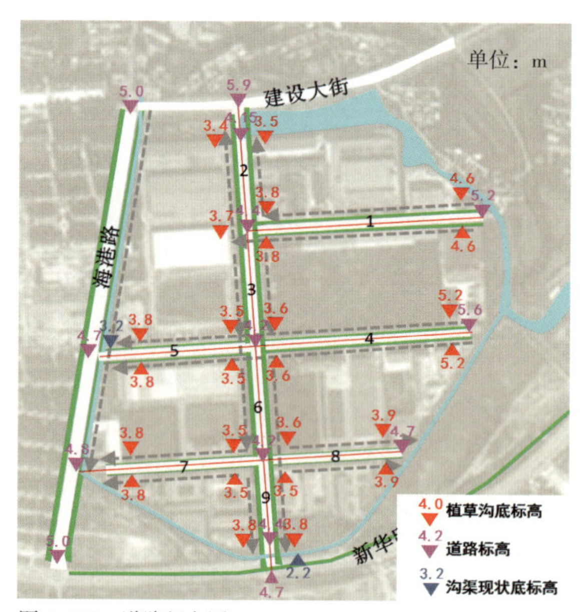

图 4-119 道路竖向图

整个治理方案的核心是通过构建多功能草沟系统，实现“源头减排、排水管渠、排涝除险”的有效衔接，草沟滞蓄地块道路既实现雨水源头减排，又兼顾排水管渠及行泄通道作用，与外围排水沟渠等排涝系统进行衔接。

6）水质保障方案

完善污水管网，即利用现有合流制管网作为污水管线，建设截污干管将厂区污水排口接入污水管线，同时截留北部棚户区合流制污水，并建设溢流调蓄塘控制北部溢流污染；建设提升泵站将污水排入新华路污水管线。对排水渠、公园进行清淤，建设生态沟渠、生态驳岸，对水体进行修复，保障水质。

园区雨污分流，合流制管网系统改为污水管网系统，充分截留地块出流污水，经中央道路南端泵井提升排入新华路污水管线，最终进入庄河污水厂。

北侧棚户区雨污水通过三管排入建设大街南侧，末端设置截污井，并经提升泵站集中提升至园区污水管网，溢流进入雨水前置塘和湿地。

末端调蓄水体及截污控制方案如图 4-120、图 4-121 所示。

图 4-120 末端调蓄水体

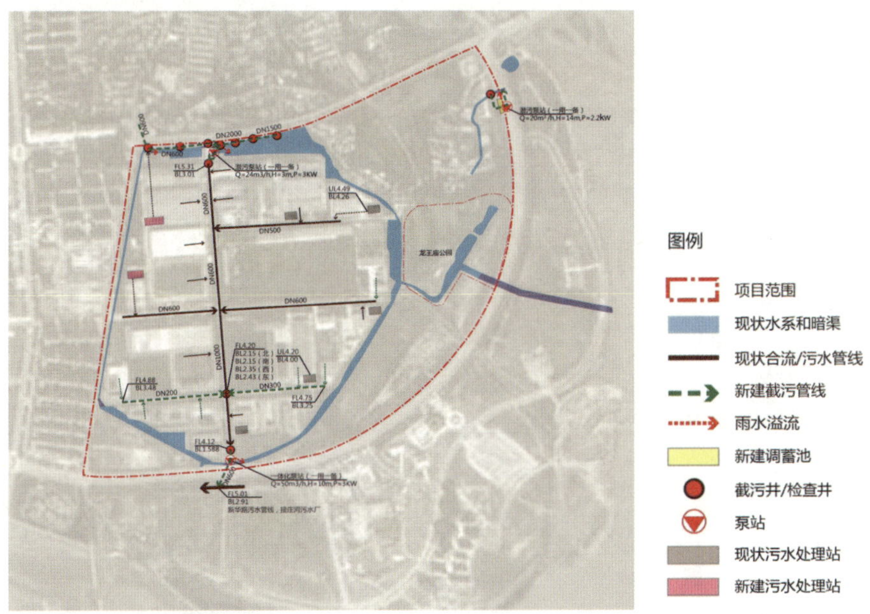

图 4-121 截污控制方案示意

7）项目与目标衔接关系

依据建设目标、现场改造条件及存在的主要问题梳理源头消减、过程控制、系统治理项目与控制指标关系。

城关工业园片区年径流总量控制率如图 4-122 所示，其实施目标分解如图 4-123 所示，其重点项目控制指标见表 4-39。

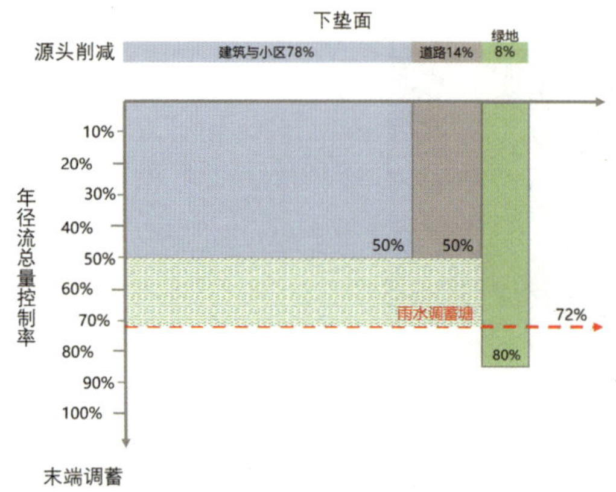

图 4–122 城关工业园片区年径流总量控制率

图 4–123 城关工业园片区实施目标分解

表 4–39 城关工业园区重点项目控制指标分解

序号	任务名称	年径流总量控制率（%）	年 SS 总量去除率（%）	项目类型	项目分类
1	城关工业园区海绵型道路改造工程	72	48	道路	源头
2	城关工业园区一号路改造与东侧排水沟治理工程	80	50	水系治理	过程、系统
3	龙王庙公园建设与周边黑臭水体治理工程	80	50	水系治理	系统
4	建设大街海绵道路改造工程	90	55	道路	源头
5	城关工业园区 8 号路海绵道路工程	75	45	道路	源头
6	城关工业园区排水管网清淤工程	80	50	水系治理	过程

4.5.1.2 生态科技文化示范片区（第四汇水分区）综合整治

1）现状及问题分析

①场地现状有以下问题：防洪排涝受潮位顶托影响；水塘中为养殖海水，不能直接回用；水塘通过潮沟与海水连接，主要补水依靠自然降雨；片区位于两河入海口，临近黑脸琵鹭的栖息场所，污染控制是本项目建设的重要目标。

②规划现状问题：雨水管网排水路线长，末端埋深影响水体调蓄空间，集中排放不利于湿地发挥效能，地势较平；部分道路横断面布置紧凑，红线范围内没有绿化，缺少源头消纳空间。

2）技术路线与建设目标

生态科技文化示范片区海绵城市建设技术路线如图 4-124 所示。片区年径流总量控制率为 80%，对应设计降水量为 34.9 mm。排涝标准为 20 年一遇，防潮标准为 50 年一遇。面源污染控制率（SS）为 60%，地表水体水质标准达到地表水 IV 类水质，生态岸线恢复达到 80%，雨水资源化利用率达到 10%，建设无雨水管网片区。

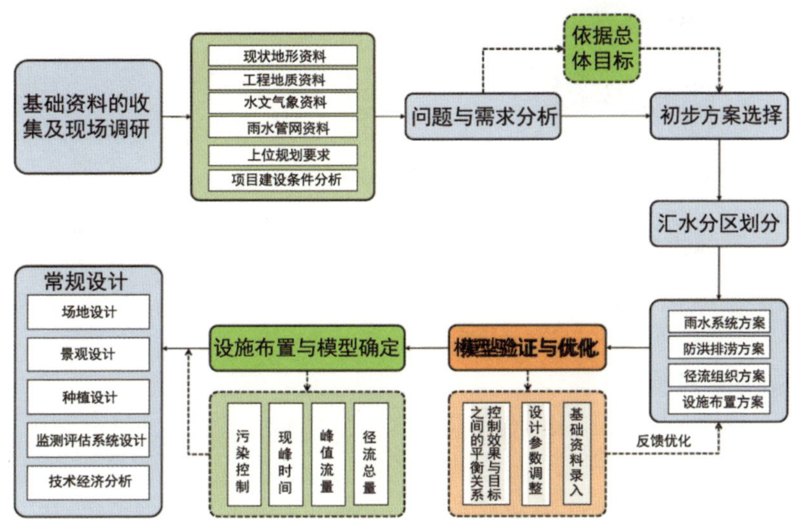

图 4-124 生态科技文化示范片区海绵城市建设技术路线

3）源头减排系统方案

（1）建筑小区源头控制

削减地表径流、雨水滞蓄，兼顾径流污染的控制和雨水的收集利用。通过透水铺装、下沉绿地、雨水管断接等分散和小规模的源头控制措施，使雨水在地块内就近入渗、滞留、续存。使用初期雨水弃流设施控制建筑屋面雨水污染问题，有条件的小区鼓励采用雨水收集回用措施。按控制指标进行最大限度源头控制，适当考虑末端安全控制。

（2）市政道路源头控制

削减面源污染及构建畅通的雨水排放通道。结合道路竖向与横断面设计，组织雨水径流，采用初期雨水弃流、生物滞留带、雨水花园、植草沟等设施，在源头控制雨水的下渗、径流和排放。利用防护绿地与道路绿地形成系统的雨水传输网络，减少雨水管网的使用。

（3）公园绿地源头控制

中心公园作为末端防涝、径流总量控制主体，设计重点是雨水滞蓄和收集利用。利用绿地中的景观设施打造海绵功能，形成生物滞留带、雨水湿地、雨水花园、湿塘等源头减排设施，实现周边雨水的滞蓄、下渗和回用。利用丰富的滨水植物和生态岸线提升水体的自净能力。

源头径流控制系统与雨水灌渠系统建设方案如图 4-125 所示。

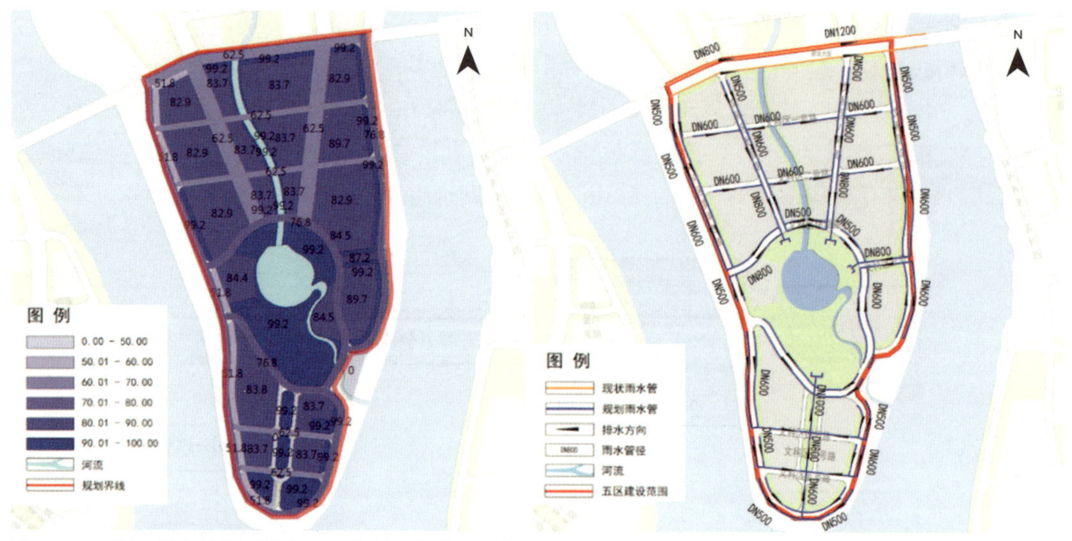

图 4-125 源头径流控制系统与雨水管渠系统建设方案

4）水体水质保障系统方案

中心水系，外围近期建设多级湿地泡净化入境合流污水；中心公园水体建设生态净化系统净化雨水。

水体水质保障体系如图 4-126 所示。

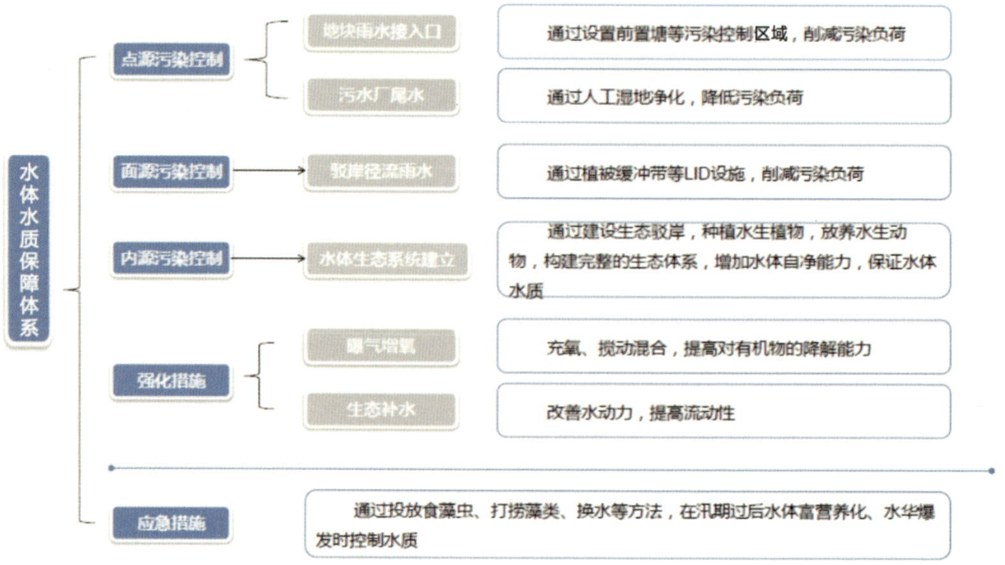

图 4-126 水体水质保障体系

5）内涝防治系统方案

（1）设计思路

①分区排水——试点区外与试点区内雨水管网互不干扰，分别排水、调蓄。

②雨水快排——保证每个地块附近都有一个行泄渠道，超标雨水可通过道路及生态草沟快速行泄至渠道。

（2）行泄分级

以渠道为行泄主体，道路为支脉，形成树状行泄体系。片区整体采用生态排水系统，各地块雨水通过路旁的生态植草沟就近传输至行泄渠道，形成以上游湿地水渠为主、南北干渠为辅、生态草沟为支脉的排水系统，保证每个地块附近都有一个行泄渠道，减轻内涝风险的同时，削减雨水径流污染。

内涝防治设计思路和草沟排水系统如图 4-127、图 4-128 所示。

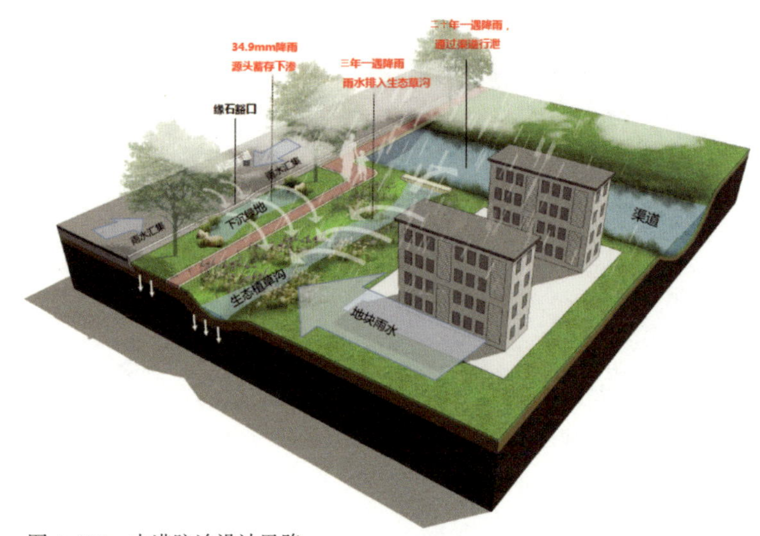

图 4-127　内涝防治设计思路

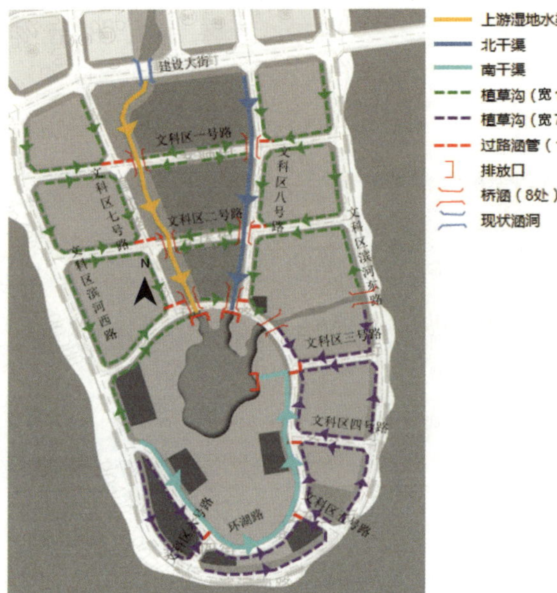

图 4-128　草沟排水系统

依据控规及海绵城市建设要求，竖向控制如图 4-129 所示。

生态草沟满负荷后将形成超标雨水，超标雨水优先考虑利用渠道与道路进行排除（行泄通道如图 4-130 所示），在湿地与湖体中进行雨水调蓄。

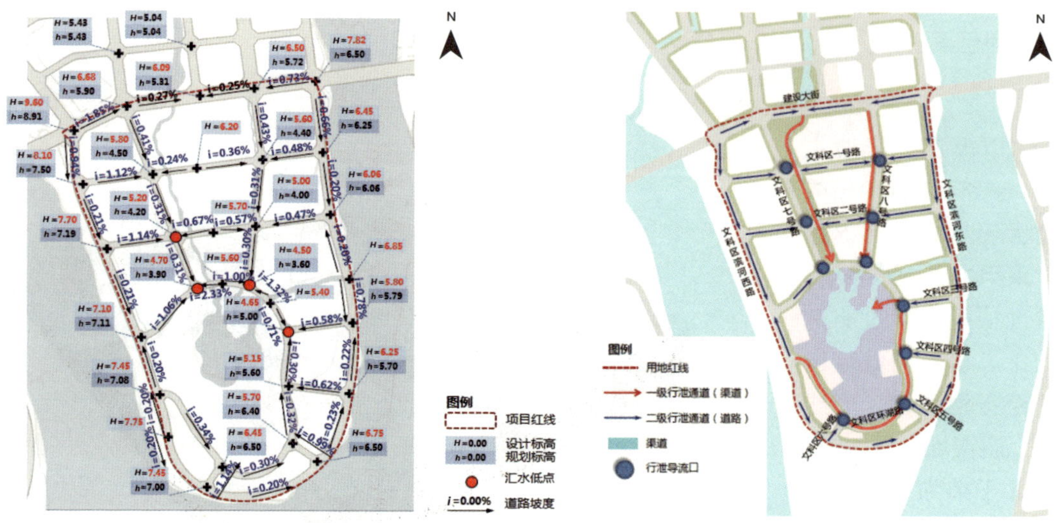

图 4-129 片区竖向控制　　图 4-130 行泄通道设置

6）项目与目标衔接关系

依据建设目标、现场改造条件及存在的主要问题梳理源头削减、过程控制、系统治理项目与控制指标关系。生态科技文化区（第四汇水区）年径流总量控制率如图 4-131 所示，其实施目标分解如图 4-132 所示，其重点项目控制率指标见表 4-40。

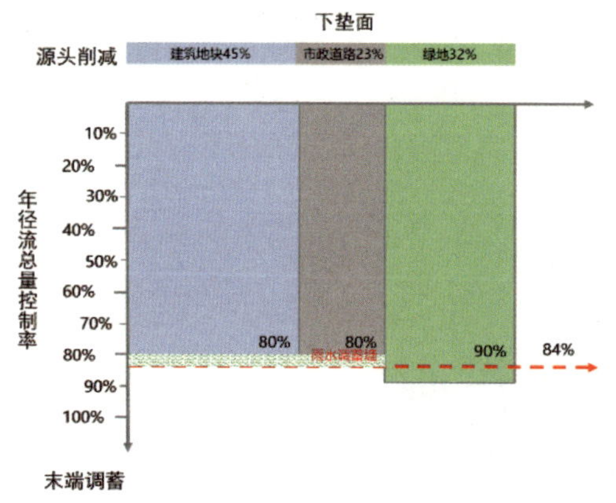

图 4-131 生态科技文化区年径流量总量控制率

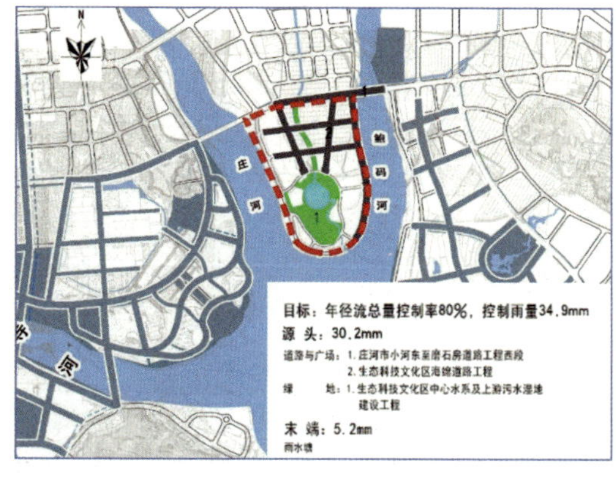

图 4-132 生态科技文化区实施目标分解

表 4-40 生态科技文化区重点项目控制率指标分解

序号	任务名称	年径流总量控制率（%）	年 SS 总量去除率（%）	项目类型	项目分类
1	庄河市小河东至磨石房道路西段工程	80	55	道路	源头
2	生态科技文化区海绵道路工程	62	43	道路	源头
3	生态科技文化区中心水系及上游污水湿地建设工程	71	50	绿地公园	过程、系统
4	生态科技文化区污水管网工程	90	60	市政管网	过程

4.5.2 流域黑臭水体治理主要建设内容及方案

4.5.2.1 城东污水处理厂厂网一体与截污项目

庄河市城东污水处理厂一期配套管网工程范围包括以向阳路—延安路—红岩路—海港路为界以东的区域，总面积约 21 km^2（图 4-133）。近期 2020 年污水规模为 1.5×10^4 m^3/d。远期 2030 年污水规模为 5×10^4 m^3/d。

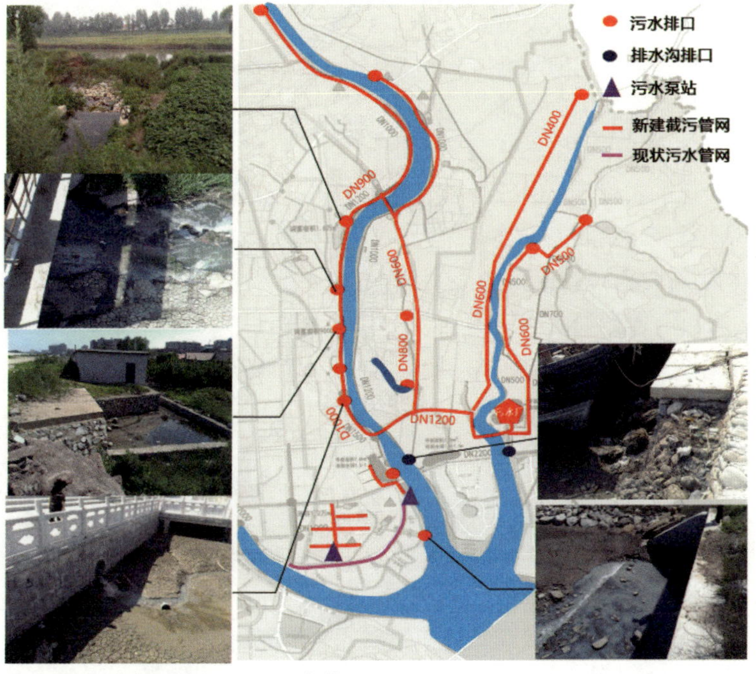

图 4-133 城东污水处理厂及配套管网

城东污水处理厂厂网一体项目既包括城东污水处理厂本身，也涵盖城东污水处理厂汇水区域相关的合流制管网及其他控制措施，截污管线截留倍数取 3。城东污水处理厂出水指标为一级 A，为保障河两岸主要合流制排水区兼具调蓄功能，可考虑截污干管的近远期设置以及污水厂远期土建池体的利用。例如，截污干管现阶段作为合流制雨污水截流到污水处理厂的管线使用，远期作为纯污水管使用，增加地面绿色雨水系统的建设。同期，污水处理厂二期二沉池等池体可暂时设置为合流制溢流调蓄的调节池，将水厂不能承担的部分储存入调蓄池，雨后逐渐打回污水处理厂进行处理。

4.5.2.2 农村雨污水处理处置工程

北部村落结合现有鱼塘等集中空间和沟渠分布，布置生态污水处理设施，对村落内的污水进行集中处理。将现有河道边水塘设计为合流制溢流调蓄塘，将末端现有水塘设计建设成氧化塘。在污水处理厂建设完工之前，对上游截流污水进行生态处理，在污水处理厂建设完成之后，将该塘作为合流制溢流污染控制调蓄塘，将旱季污水截流至污水处理厂进行处理。

经初步估算，汇水区域约 1.2 km^2，污水总量约 2000 t/d。由于该部分区域绿化基础设施条件较好，可考虑将旱季污水接入小型农村污水处理设施，由 PPP 项目公司进行建设及运营。雨季雨水尽量通过生态型末端湿地空间集中进行调蓄与处置。

拆除河道周边已建的临时厕所，减少污水直排；沿河道及支流水渠设置垃圾堆放点，避免在河道内随意堆放垃圾；结合村落排水渠及周边空间设置污水稳定塘、湿地等污水生态处理设施，对部分片区的农村污水进行集中处理；对家禽等养殖企业进行监管，禁止其废水直接排河，需进行必要的污水处理。庄河、鲍码河合流制溢流控制方案如图 4-134 所示。

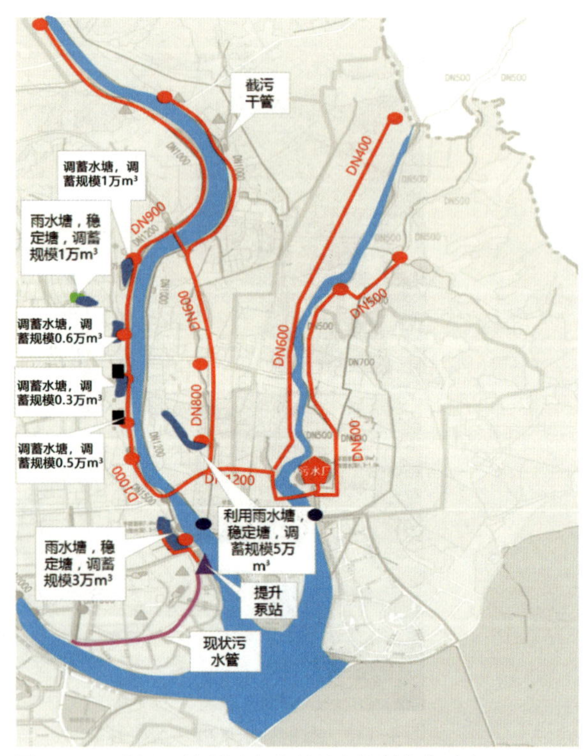

图 4-134 庄河、鲍码河合流制溢流控制方案示意

4.5.2.3 合流制溢流控制工程

庄河、鲍码河沿岸多处合流制溢流排口，通过修建截留式截污干管，可控制旱季污水排放，但是无法对溢流污染进行控制，溢流污染频次较高，需对合流制溢流排放采取有效控制措

施。根据 10 次 / 年的溢流频次要求以及排口周边可用绿地空间情况，合理确定各排口溢流调蓄设施及其规模。对周边无充足绿地空间的排口，主要采取合流制溢流调蓄池进行控制；对周边具有充足绿地的排口，主要采取合流制溢流调蓄水塘进行控制，建设前置塘、雨水调蓄塘。

4.5.2.4 鲍码河、庄河水环境整治工程

同小寺河流域改造类似，鲍码河、庄河现阶段水环境治理思路和技术体系如图 4-135、图 4-136 所示。其整治内容包括如下几方面：

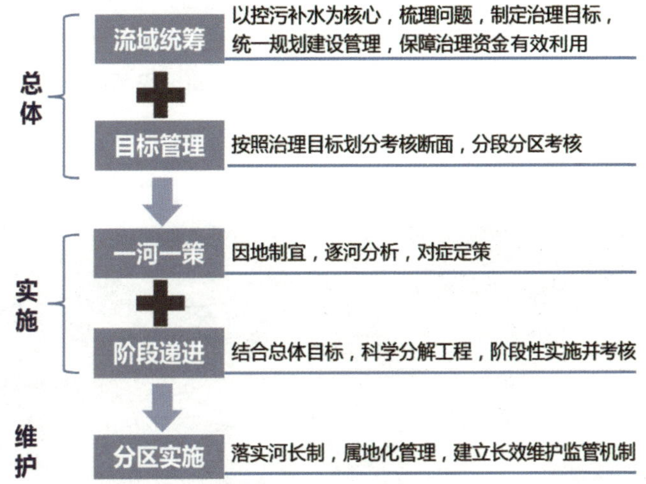

图 4-135 治理思路

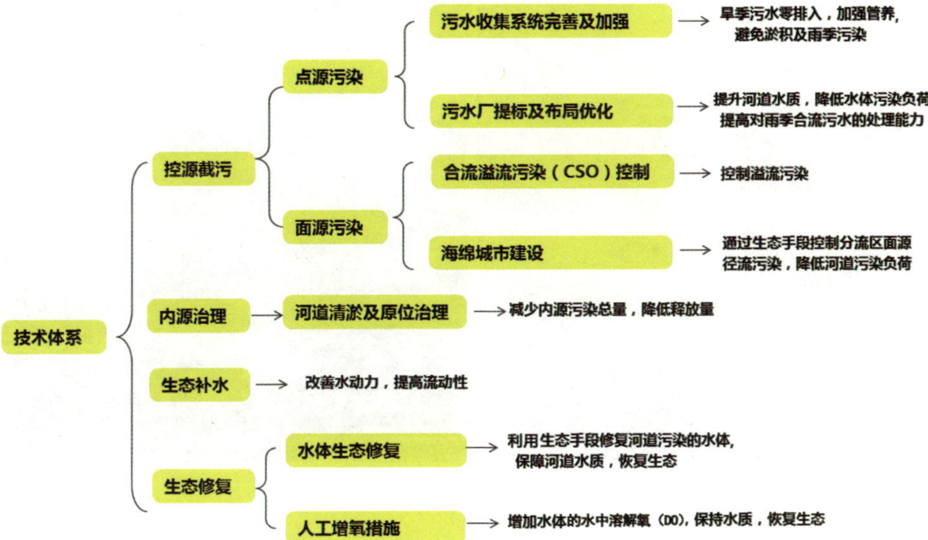

图 4-136 技术体系

（1）局部淤积位置清淤

庄河河道污泥主要存在于现有排污口附近区域，同时庄河黄海大街至河口段河道属于感潮河段，潮水涨落携带大量淤泥质，根据以往实际经验，感潮段河道实际清淤效果有限。

因此，本次河道清淤只考虑庄河黄海大街至鹤大高速桥段河道。具体清淤点则以两岸排污口现状为参照，根据现场污染严重程度，对排污口上游 10 ~ 50 m、下游 200 ~ 500 m 河道主槽及滩地进行污泥清淤。

（2）生活垃圾清理

庄河河口至鹤大高速段河道两岸目前分布有大量居民区，部分河段存在生活垃圾堆积严重的现象（图 4-137），一定程度上影响了庄河的水环境。清理生活垃圾并完善城区垃圾集中收运体系对于改善庄河流域水环境有着重要意义。现在沿河垃圾零散，规模不大，经初步统计，垃圾堆约有 30 处，总计约 1100 m^3。拟采用机械干挖的方式对河道内生活垃圾进行一次性清理，并将垃圾集中收运至城区垃圾处理厂。

图 4-137 庄河流域生活垃圾堆积严重

（3）部分沿河堤岸修复以及生态堤岸改造

庄河黄海大街至河口段河道属于感潮河段，潮水每日涨落变化明显，根据以往实际工程经验，感潮段河道不适宜进行驳岸建设。本次生态驳岸建设只考虑庄河黄海大街至鹤大高速桥段河道。

生态驳岸建设主要考虑在现有桥梁上下游及庄河凹岸顶冲处的河道主槽进行。对坡面较为陡峭的岸坎进行修整，适当减小坡比，以利于植被生长和生态恢复。

（4）入海口湿地建设

庄河上游保留现有生态岛，构建河道湿地净化区，并在入海口构建红海滩湿地，对上游水体进行进一步净化处理。

4.5.2.5 工业废水与垃圾监管方案

环保部门对工业废水进行监管，严禁工业废水直排入河，防止污染水体。

根据《大连市畜禽禁养区区划方案》《庄河市畜禽养殖禁养区划定工作方案》，禁养区外的畜禽养殖应采用先进养殖技术和污染防控技术，严格控制流域畜禽养殖污染。

远期治理范围均为中心城区，均应划定人口集聚区畜禽禁养区范围，关闭或搬迁畜禽养殖单元。在一次性清理河道内生活垃圾的基础上，对沿线生活垃圾进行有效收集处理（图 4-138），避免再次污染。

图 4-138 生活垃圾治理

近期一环以内、迎宾大街以下河段，将沿河居民垃圾纳入市政环卫收集范围，设置相应数量的垃圾箱，由环卫车辆统一收集转运；其他区域采用城乡一体化处理模式，生活垃圾通过户分类、村收集、乡 / 镇转运，最终纳入社区垃圾处理系统。

远期治理范围均为中心城区，需加强环卫管理水平，实现生活垃圾分类收集处理。

4.5.3 流域内涝治理方案

流域内涝积水点主要集中在中心城区棚户区以及城关工业园区范围。考虑中心城区棚户区改造用地及成本问题，决定近期通过使用移动泵车，在暴雨时将积水及时抽走，保证小雨不积水，大雨不内涝。远期结合棚户区改造工程，进行动迁，整体改造。

通过有针对性的积水点改造及源头减排、过程控制等系统治理措施，有助于预测规划建设对城市内涝风险的缓解情况，图 4-139 为规划情景下不同重现期庄河市内涝风险分析（淹水深度超过 15 cm）。

通过图 4-139 可以看出，规划情景下虽然不同重现期降雨下城市内部仍然有部分地方发生内涝积水现象，但内涝积水范围明显缩小，较大重现期降雨下主要积水点位置分布与现状评估基本一致，均为现状低洼地区。

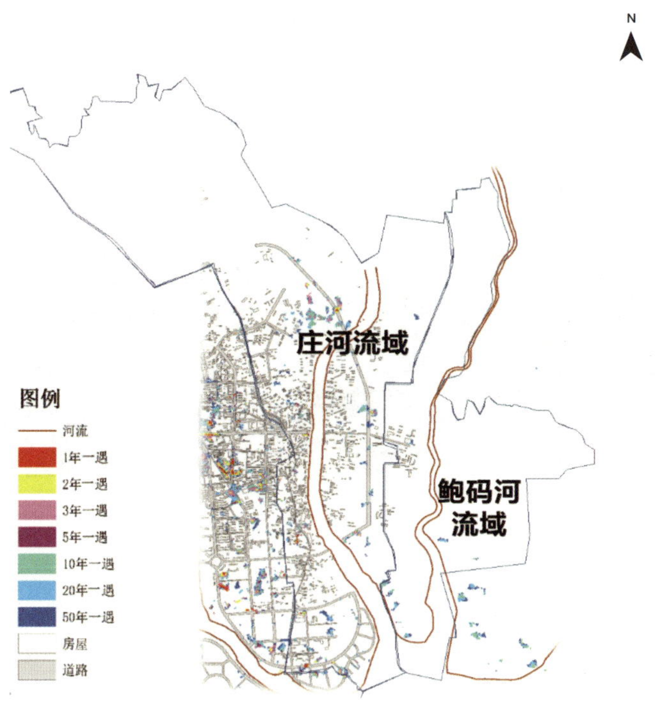

图 4-139 规划情景下内涝风险分析

4.6 大学城片区（第一汇水区）海绵城市建设方案

4.6.1 现状与问题分析

大学城片区在《庄河市城市总体规划（2016—2035）》空间结构发展中属于大学城研发组团，为新建区域。大学城片区规划范围面积约 10.62 km^2，东至疏港路、南至滨海公路、西至外环路、北至规划三号路—内环路—规划五号路—庄打路—锦绣大街（图 4-140）。

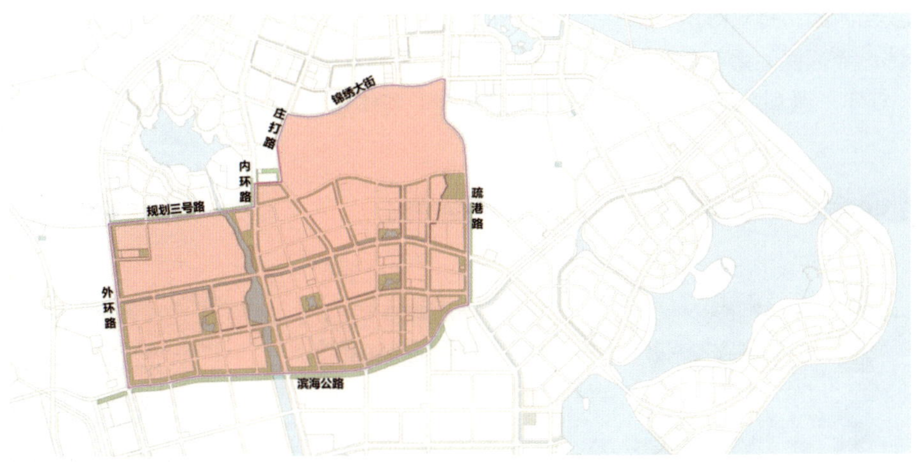

图 4-140 庄河市大学城片区项目建设范围

大学城片区西依观架山，北靠九顶梅花山，南邻黄海，地形北高南低、西高东低，区域地势较为平坦。区域北侧张屯水库是一座以防洪为主的小型水库，张屯泄洪渠穿大学城片区而过，流至黄海。

大学城片区现有用地以村庄、水鱼塘、虾圈、工业厂房和新建区域为主。新建区域主要为大学城、金城花园（张屯回迁楼）、第四高级中学、智慧城等。道路系统结构清晰，以外环路、庄打路、疏港路为南北向主要道路，以滨海公路、李大线为东西向主要道路。

对大学城片区进行现状调查和分析，问题总结如下：

水安全方面，大学城片区特殊的自然基础条件使得其洪涝灾害危险大，同时，大学城片区位于临海填海区域，容易发生海潮危害，受海水入侵影响，土壤盐碱化程度较高。

水资源方面，大学城片区现有水系较多，但没有形成循环水系，现有供水量不能满足远期用水需求，水资源利用以水库为主，非常规水源利用欠缺。

水环境方面，水体污染主要为城市生活污水、工业废水直排，城市雨水径流污染，农业生产及养殖废水直排，农业面源污染，河道底泥污染等。

大学城片区紧邻黄海，临海填海区域较大，地下水位较高，雨水下渗较难，水资源利用率低，水环境急需改善。依据现状问题和海绵城市建设目标，此区域海绵城市建设应以“蓄、净、排”为主要处理措施，“渗、滞、用”为辅助处理方式。打造发达的水系网络和绿地系统，以实现试点区域的水生态和海绵效应，引入先进理念，打造新型水系景观，满足城市发展需求。

区域受海潮顶托，片区河道水位居高不下，导致排水不畅，在遭遇极端高潮位及强降雨天气时，降水无法外排，内涝问题十分严重。

4.6.2　技术路线与建设目标

水安全方面，针对排水不畅问题设计行泄通道；针对洪涝潮压力问题按最不利组合复核泄洪渠设计过流断面，最终使整个片区达到 20 年一遇不发生内涝的标准，泄洪渠在 20 年一遇洪水和 10 年一遇潮水组合发生时不出现洪涝灾害，整体技术路线如图 4-141 所示。

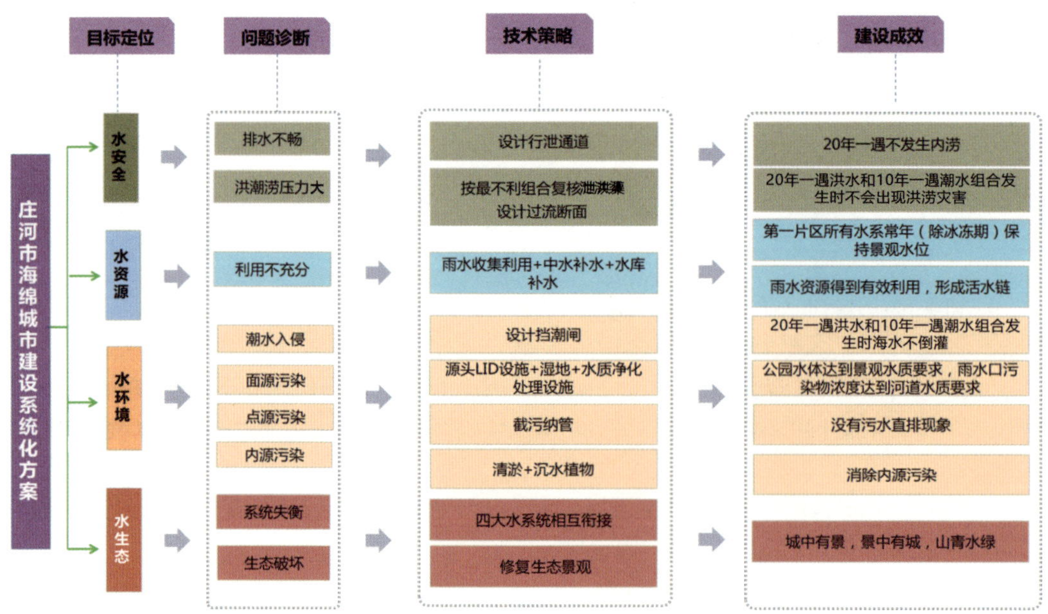

图 4-141　大学城片区海绵城市建设技术路线

水资源方面，针对水资源利用不充分问题，通过雨水收集利用、中水补水、水库补水等措施，实现大学城片区所有水系常年（除冰冻期）保持景观水位，雨水资源得到有效利用，形成活水链。

水环境方面，针对潮水入侵问题，设计挡潮闸，使得 20 年一遇洪水和 10 年一遇潮水组合发生时海水不倒灌；针对面源污染问题，利用 LID 设施、湿地和水质净化处理设施，使得公园水体达到景观水质要求，雨水口污染物浓度达到河道水质要求；针对点源污染问题，通过截污纳管，消除污水直排现象；针对内源污染问题，通过清淤和水生植物修复等消除内源污染。

水生态方面，针对系统失衡和生态破坏问题，进行四大水系的衔接和生态景观的修复，最终实现城中有景，景中有城，山青水绿。

片区海绵城市建设为保护自然生态本底条件，通过自然生态的基础设施实现海绵城市建设目标，主要指标如下：

①张屯水库泄洪渠及片区水系达到 20 年一遇防洪标准；防潮标准达到 50 年一遇。

②年径流总量控制率为 80%，控制雨量 34.9 mm，年 SS 总量去除率为 55%。

③排水管网标准为 3 年一遇。

④内涝防治标准为 20 年一遇。

⑤地表水水质不低于 IV 类水体。

4.6.3 基于自然本底的调蓄水体生态保护方案

张屯泄洪渠兼具上游水库泄洪和雨水调蓄作用，其周边具有较多低洼坑塘，结合自然排水冲沟，在控制性详细规划中落实排水渠及调蓄水体，将调蓄水体建设成生态多功能调蓄公园，同时兼顾周边道路、地块雨水调蓄（图 4-142）。同时建设水质保障系统，保障泄洪渠水质达到 IV 类水体要求。

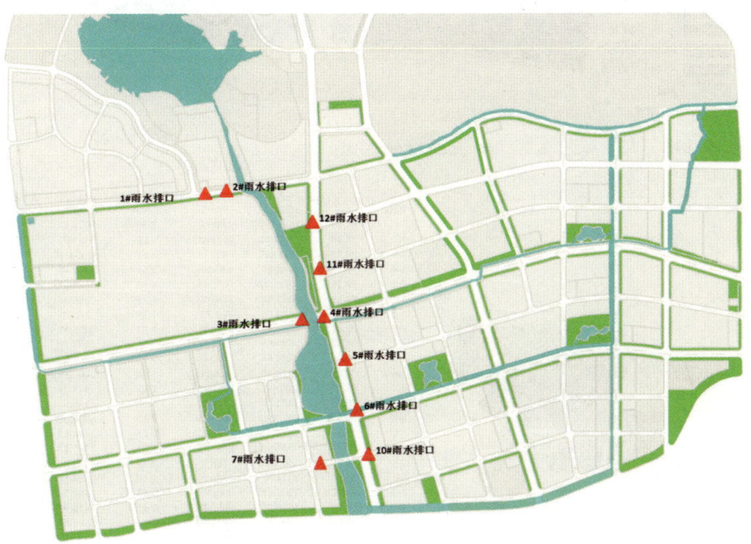

图 4-142 调蓄水体分布

4.6.4 源头减排方案

该区域主要为新建区域，地块指标按照《大连市庄河海绵城市建设专项规划（2016—2030）》要求落实，对于部分改造区域根据场地条件及业主意愿进行适度改造。在管网末端采取雨水塘等生态调蓄设施，使片区整体达到年径流总量控制率 80% 的要求。大学城片区源头径流控制系统 如图 4-143 所示，源头至末端调蓄容积分配如图 4-144 所示。

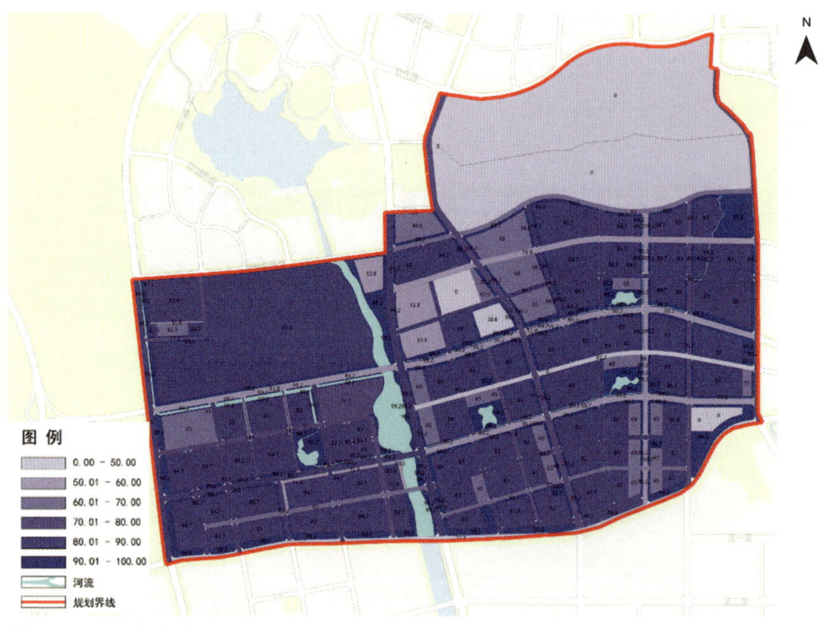

图 4-143　大学城片区源头径流控制系统

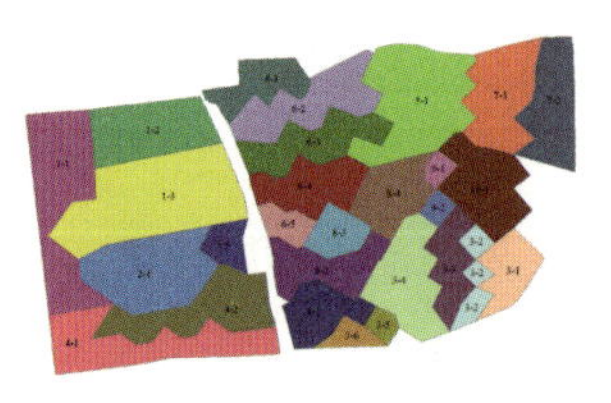

二级排水分区	汇水面积(hm²)	需要控制容积(m³)	源头控制容积(m³)	源头控制降雨量(mm)	末端控制容积(m³)	末端控制降雨量(mm)
1-1	59.33	12424.39	3385.60	9.51	9038.80	25.39
1-2	39.99	8373.74	2281.81	9.51	6091.93	25.39
1-3	80.77	16913.22	4608.78	9.51	12304.44	25.39
1-4	10.32	2161.72	589.06	9.51	1572.66	25.39
2-1	50.38	10549.72	2650.69	8.77	7899.03	26.13
3-1	19.88	4163.14	1168.42	9.79	2994.73	25.11
3-2	5.25	1100.04	308.73	9.79	791.31	25.11
3-3	22.01	4609.63	1293.72	9.79	3315.90	25.11
3-4	37.53	7859.66	2205.87	9.79	5653.79	25.11
3-5	4.89	1024.94	287.66	9.79	737.28	25.11
3-6	7.05	1475.36	414.07	9.79	1061.29	25.11
4-1	49.57	10379.31	2861.28	9.62	7518.03	25.28
4-2	40.36	8451.93	1211.40	5.00	7240.53	29.90
5-1	62.43	13071.84	2699.05	7.21	10372.79	27.69
6-1	21.87	4579.54	1232.72	9.39	3346.82	25.51
6-2	37.71	7896.98	2125.71	9.39	5771.27	25.51
6-3	31.64	6625.88	1783.55	9.39	4842.33	25.51
6-4	29.20	6114.67	1645.94	9.39	4468.72	25.51
6-5	9.68	2026.71	545.55	9.39	1481.16	25.51
7-1	38.53	8068.73	1657.85	7.17	6410.87	27.73
7-2	33.63	7042.04	1446.90	7.17	5595.13	27.73
8-1	22.60	4731.58	1137.96	8.39	3593.62	26.51
8-2	26.90	5632.65	1354.67	8.39	4277.98	26.51
8-3	14.04	2939.81	707.03	8.39	2232.78	26.51
8-4	27.23	5702.44	1371.46	8.39	4330.99	26.51
9-1	4.56	955.17	245.04	8.95	710.14	25.95
9-2	4.57	957.49	245.63	8.95	711.86	25.95
10-1	36.82	7709.90	1647.70	7.46	6062.20	27.44

图 4-144　源头—末端调蓄容积分配

4.6.5　道路竖向控制方案

大学城片区以张屯泄洪渠为中心，通过周围支渠将雨水排入泄洪渠，整体竖向北高南低，东西高中间低。合理设计道路竖向及行泄通道，保障 20 年一遇洪水汇入张屯泄洪渠（图 4-145、图 4-146）。

图 4-145　道路竖向图

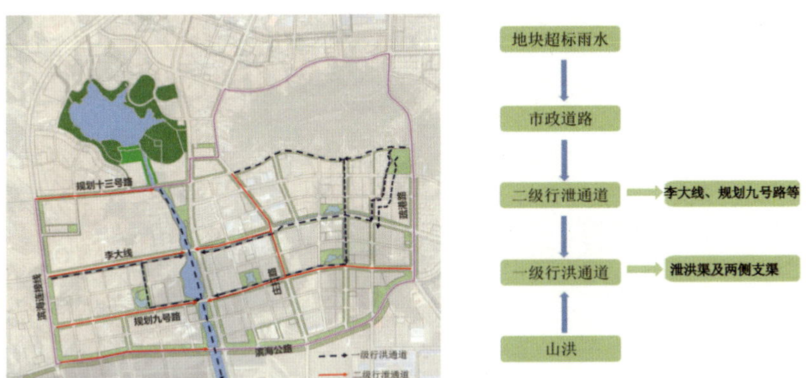

图 4-146　行泄通道分布

4.6.6　项目与目标衔接关系

依据建设目标、现场改造条件及存在的主要问题梳理源头削减、过程控制、系统治理项目与控制指标的关系。大学城片区年径流总量控制率如图 4-147 所示，其实施目标分解如图 4-148 所示，其重点项目控制指标见表 4-41。

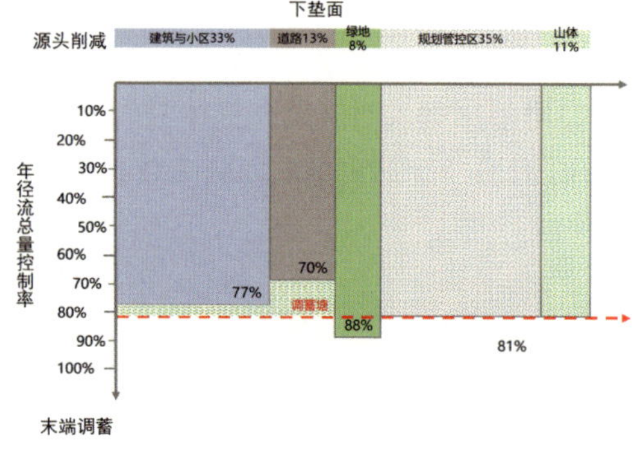

图 4-147　大学城片区年径流总量控制率

图 4-148　大学城片区实施目标分解

表 4-41　大学城片区（第一汇水区）重点项目控制指标分解

序号	任务名称	年径流总量控制率（%）	年 SS 总量去除率（%）	项目类型	项目分类
（一）	1 排水分区	80	55	—	—
1	大学城改造工程	80	45	建筑小区	源头
2	辽宁师范大学海华学院建设工程（一期）	80	55	建筑小区	源头
3	辽宁师范大学海华学院建设工程（二期）	80	50	建筑小区	源头
4	临港工业区滨海路连接线海绵改造工程一期（李大线以北）	80	50	道路	源头
5	李大线南侧排水渠工程	80	55	绿地公园	过程、系统
6	临港工业区滨海路连接线工程（李大线北段）	80	58	道路	源头
（二）	2 排水分区	80	55	—	—
7	大学城青年教师公寓海绵工程一期	80	55	建筑小区	源头
8	学府花园一期海绵改造工程	80	45	建筑小区	源头
9	大学城周边海绵道路工程二十四号路	80	50	道路	源头、过程
10	大学城周边海绵道路工程三号路	80	50	道路	源头、过程
11	大学城周边海绵道路工程九号路	80	50	道路	源头、过程

续表 4-41

序号	任务名称	年径流总量控制率（%）	年 SS 总量去除率（%）	项目类型	项目分类
12	大学城周边海绵道路工程十六号路	80	50	道路	源头、过程
13	大学城周边海绵道路工程二十号路	80	50	道路	源头、过程
（三）	3 排水分区	80	55	—	—
14	张屯水库泄洪渠及雨水湿地工程	90	60	绿地公园	源头、过程、系统
（四）	4 排水分区	80	55	—	—
15	昌盛幼儿园海绵改造工程	—	—	建筑小区	源头
16	前程大街海绵改造工程	75	54	道路	源头
17	张屯回迁楼周边道路海绵改造工程	75	54	道路	源头
18	张屯回迁楼东侧道路南延工程	75	54	道路	源头
19	张屯社区居委会南侧广场工程	75	54	广场	源头
20	内环路海绵工程	80	54	道路	源头、过程
21	李大线海绵改造工程（庄打路至张屯泄洪渠）	70	45	道路、内涝治理	源头
（五）	5 排水分区	80	55	—	—
22	九成智慧城海绵改造工程	72	50	建筑小区	源头
23	滨海路绿化带改造工程	80	50	广场	源头
24	滨海路海绵改造工程	55	35	道路	源头
25	大学城片区规划公园六海绵工程	90	60	绿地公园	过程、系统
26	庄河市海绵城市科普展示馆	—	—	其他	源头
27	庄打路海绵改造工程	71	49	道路	源头
28	临港装备及海洋工程产业园（日本产业园）生活配套区一期道路工程（2 号、4 号、6 号、9 号）	60	35	道路	源头、过程
29	临港装备及海洋工程产业园（日本产业园）生活配套区海绵道路工程（二期及其他道路）十一号路	80	50	道路	源头、过程

4.7 休闲养生区（第五汇水区）海绵城市建设方案

4.7.1 现状及问题分析

（1）地质现状问题

休闲养生区地下水位较高，盐碱化严重，海水的潮汐运动易导致土地盐碱化。研究区内勘察场地水文地质条件简单，各钻孔均见地下水位，地下水分为松散层孔隙水和基岩裂隙水两大类。勘察期间，地下水位埋深 0.50 ~ 3.50 m，水位变幅 0.50 ~ 1.00 m。

另外，基地为填海形成，地势低洼，一旦遭遇风暴潮和海潮的叠加，容易发生城市内涝。

（2）水文现状问题

现有水系不发达，难以形成循环的水系。

4.7.2 技术路线与建设目标

休闲养生区地势平坦，属于填海区域，传统的“灰色”管网设计易造成管网及水系较深，从而造成顶托排水不畅。片区通过合理规划水系、路网，尽量用“绿色”草沟排水系统替代传统的“灰色”雨水管线，在主干路上建设雨水管网，支路上建设草沟排水系统，建设典型的“绿色优先、灰色为辅”的“草沟 + 主雨水管网”的创新市政雨水排放系统，最大限度通过地表竖向排水，从而减少雨水管线的使用，节约投资的同时也解决了区域地势平排水难的问题，整体休闲养生区海绵城市建设技术路线如图 4-149 所示。

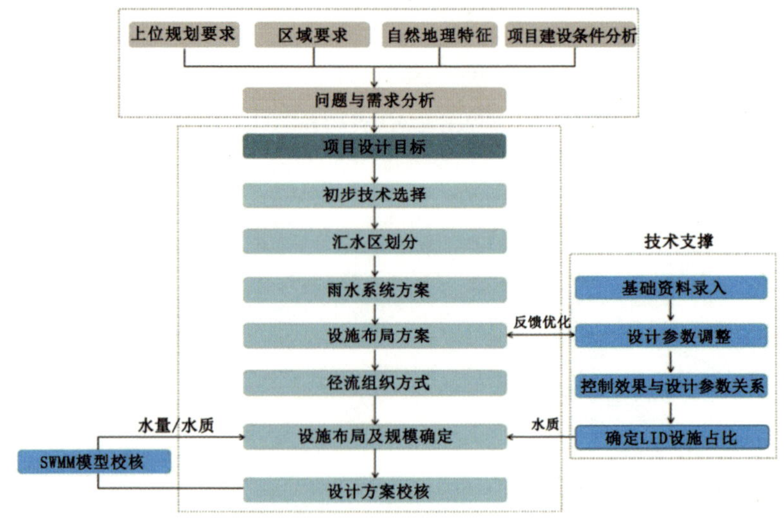

图 4-149 休闲养生区海绵城市建设技术路线

年径流总量控制率为 80%，即需控制 34.9 mm 的降雨雨量，年 SS 总量去除率 55%，排水管网设计标准不低于 3 年一遇，内涝防治标准达到 20 年一遇，水体不黑臭达到 IV 类水体标准。防潮标准为 50 年一遇。

4.7.3　源头减排系统方案

地块内部的降雨通过植草沟、下凹绿地、雨水花园等 LID 设施净化滞留后溢流到市政雨水管网，地块内部分区海绵城市设计策略如图 4-150 所示。

市政雨水管网收集地块内溢流雨水及经过初期弃流的市政路面上的雨水，就近汇入河流水系等蓄留排放空间。

中央水系收集周围地块的超标雨水经景观生态岸线及生态湿地的净化后，最终排入中心湿地公园。

此外，按控制指标进行地块内部的最大限度源头控制，适当考虑末端安全控制。同时，竖向按行泄通道要求建设海绵型道路（图 4-151、图 4-152）。

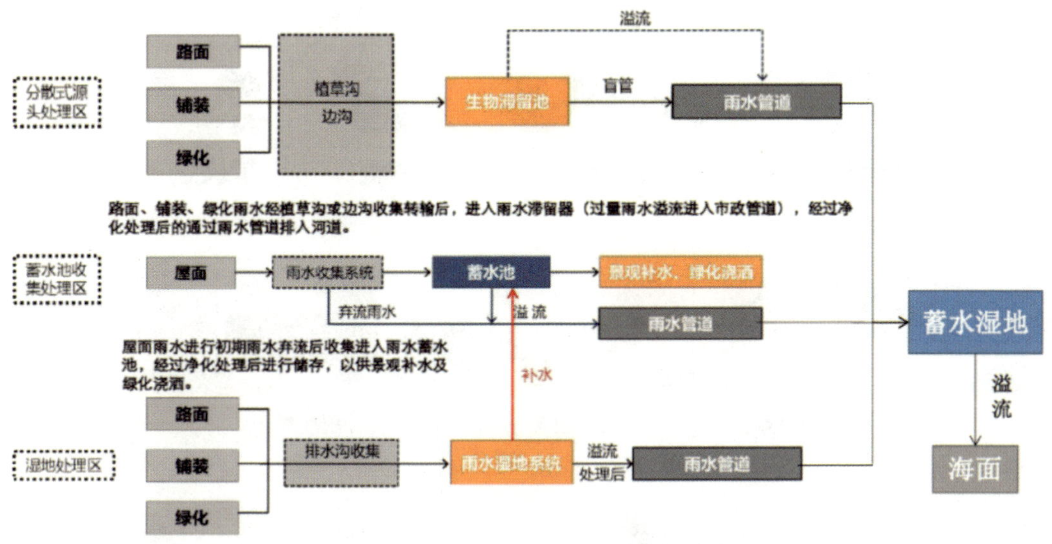

图 4-150　分区海绵设计策略

在进行海绵城市道路系统设计时，LID 设施不能完全取代城市道路的灰色建设，要结合“绿色 + 灰色”的思想，同时结合“源头与末端”“蓄与排”“地上与地下”，才能更好地进行海绵城市建设（图 4-153）。

公园绿地：分散调蓄空间构建（图 4-154）。

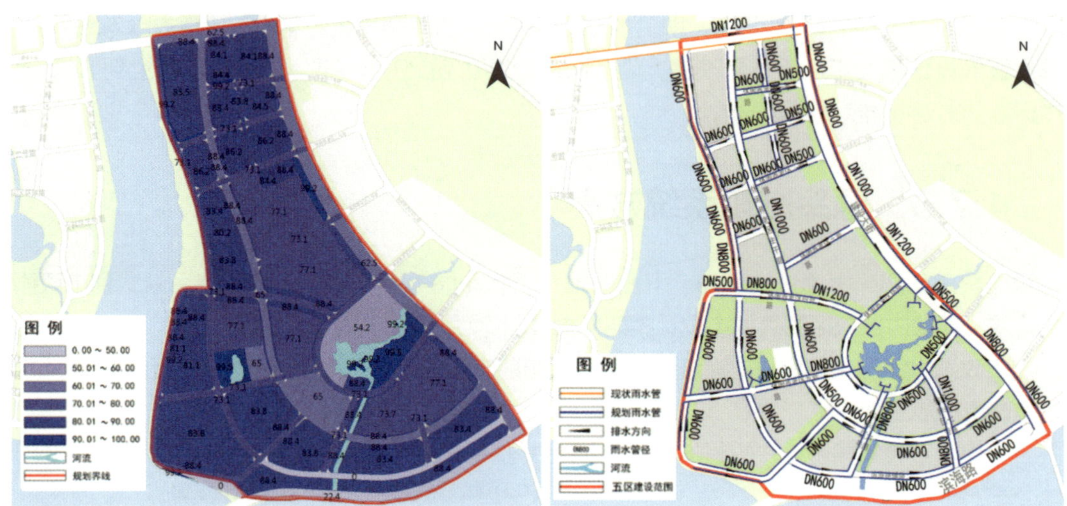

图 4–151 休闲养生区源头径流控制与管渠系统方案平面示意

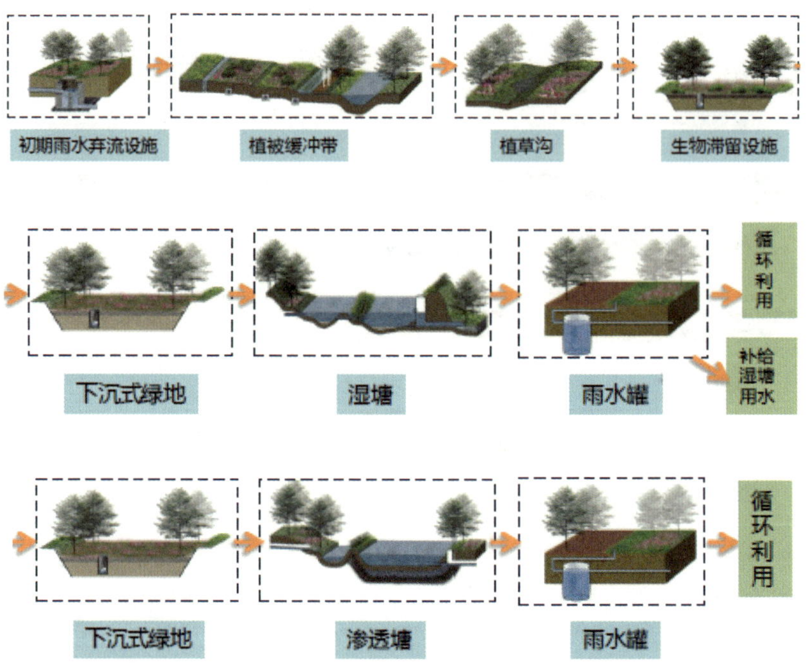

图 4–152 源头、过程及末端海绵城市系统构建示意

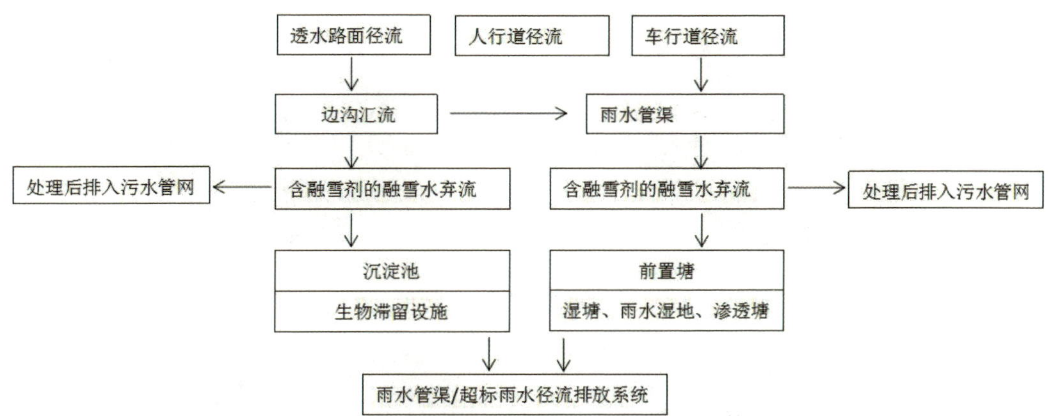

图 4–153 道路控制技术路线

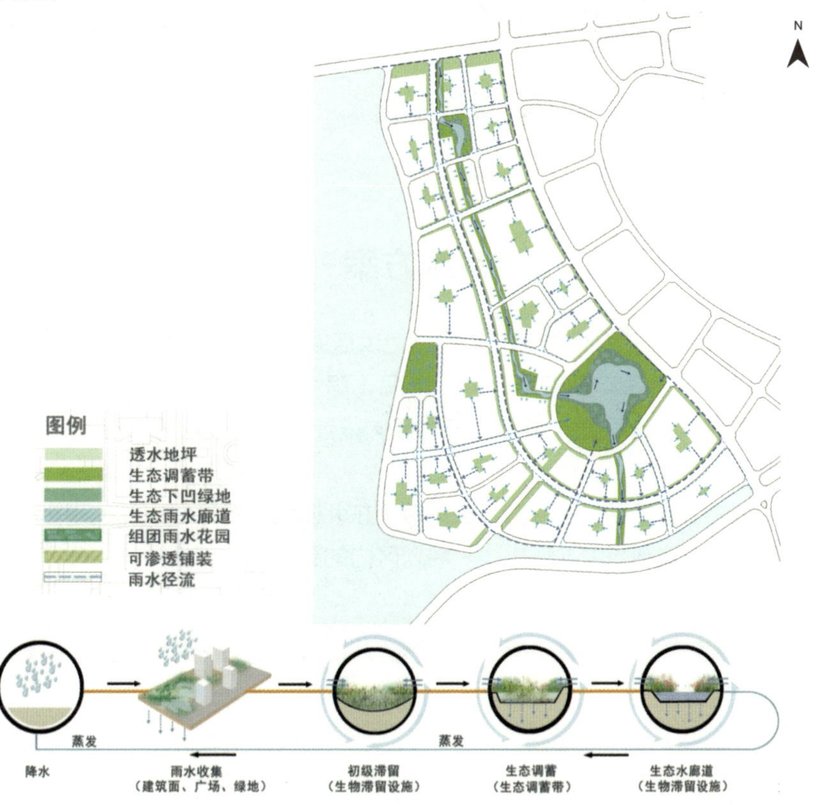

图 4–154 调蓄空间分布

4.7.4 水体水质保障系统方案

水质保障的原则：分散源头控制，环形水系净化系统构建，中水补水循环（图 4-155）。

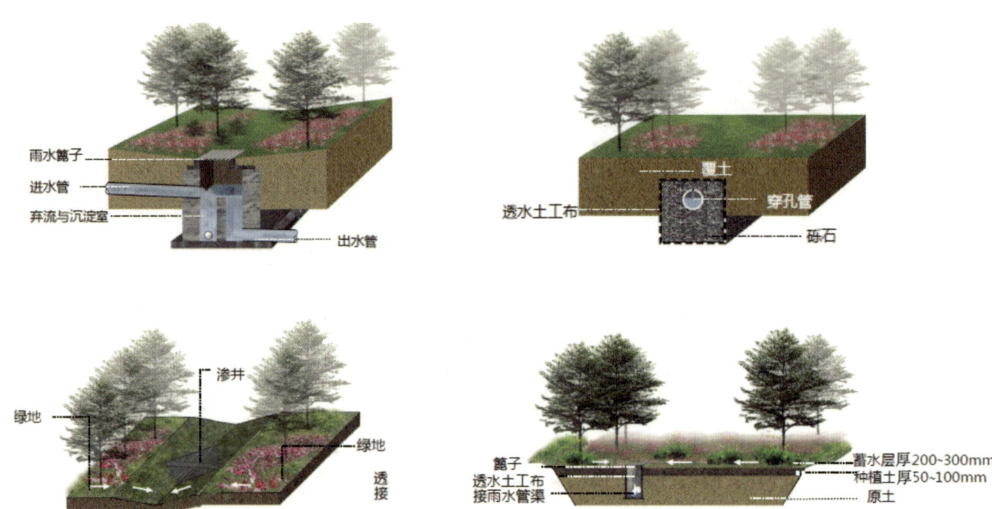

图 4-155 源头削减、排水渠净化、水体自净方案

4.7.5 内涝防治系统方案

内涝防治系统按 20 年重现期雨水泄洪通道进行设计校核。

当遇到超过 3 年重现期的降雨情况，雨水的排放超过了雨水管的排放负荷时，规划大排水行洪通道系统，通过道路系统的竖向设计快速有效地将超标雨水排放到蓄洪设施中（图 4-156）。

遵循的主要原则：外水截留——保证东北侧汇水区红线以外的雨水不进入地块内部，以截洪沟进行截流控制；内水快排——规划区内的超标雨水尽快排走；分区排水——减少各区之间的影响。

4.7.6 项目与目标衔接关系

依据建设目标、现场改造条件及存在的主要问题，梳理源头削减、过程控制、系统治理项目与控制指标的关系。休闲养生区年径流总量控制率如图 4-156 所示，其实施目标分解如图 4-157 所示。

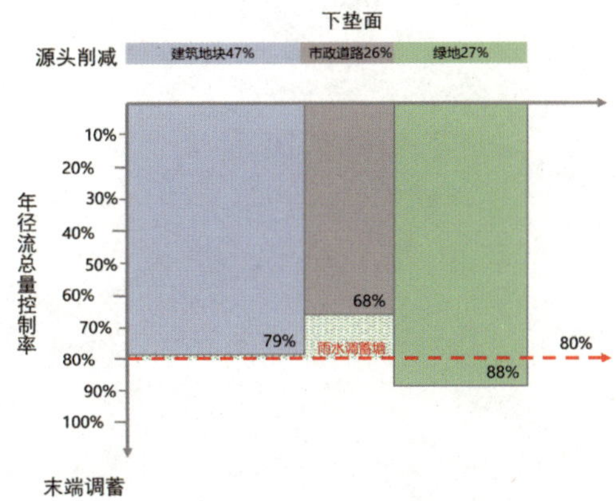

图 4-156 休闲养生区年径流总量控制率

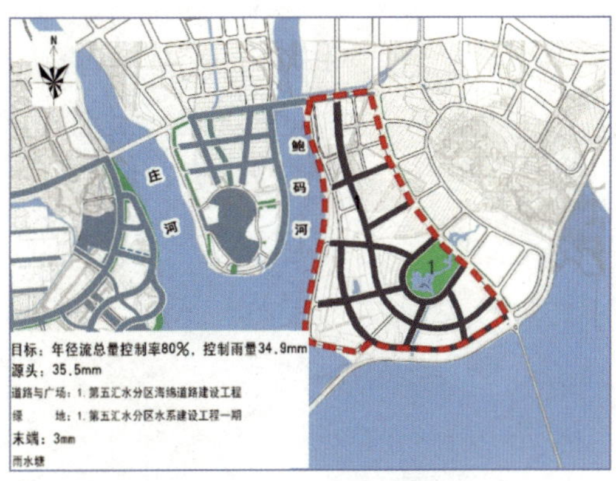

图 4-157 休闲养生区实施目标分解

5／

庄河市海绵城市建设效益／

5.1　经济效益

大连市、庄河市人民政府高度重视海绵城市建设，以试点为契机，将海绵城市建设作为城市开发建设的头等大事。建设符合东北小城市特点的“节约型海绵城市”，不仅要解决庄河面临的水环境恶化、洪涝潮等突出问题，也要解决基础设施服务水平与人民对美好生活的向往不匹配的问题，更要解决在东北经济发展减缓背景下城市基础设施开发的可持续发展问题，努力为东北小城市、沿海低平寒冷地区建设海绵城市提供可借鉴经验。

“节约型海绵城市”既是绿色经济理念与海绵城市理念的有机融合，也是一种适用于中小城市规模的可持续海绵城市建设方式，以节约型理念达到高标准海绵城市建设要求，将钱花在刀刃上，在解决水环境、水安全问题的同时解决民生问题，提升百姓幸福感。

庄河市始终贯彻“节约型海绵城市”的发展理念，致力于用最少的钱建设成具有本地特色的东北沿海低平地区海绵城市，同时改善人民的生活环境。通过“节约型海绵城市”建设，庄河在完成海绵城市建设任务的同时节约投资约 3.25 亿元，土地增值约 36.09 亿元，整体效益估算见表 5-1。

表 5-1　“节约型海绵城市”经济效益估算

序号	项目	内容	规模	单位	节约单价（元）	费用（万元）
1	无雨水管网系统应用					
	生态科技文化区	节约管网	17545	m	1200	2105
		节约土方	1032733	m^3	50	5164
	休闲养生区	节约管网	17470	m	1000	1747
		节约土方	2599345	m^3	50	12997
	城关工业园区	节约管网	5566	m	600	334
2	改造区域“源头 + 末端”系统调蓄方式应用					
	将军湖片区	多功能延时调蓄技术应用减少源头调蓄设施	33000	m^2	130	429
		雨水塘减少源头调蓄设施	2250	m^2	110	25
	大学城片区	李大线多功能延时调蓄技术应用减少源头调蓄设施	15000	m^2	130	195
		张屯泄洪渠雨水塘减少源头调蓄设施	23745	m^2	110	261
	城关工业园区	多功能行泄草沟减少源头调蓄设施	21500	m^2	110	237
		雨水塘减少源头调蓄设施	7500	m^2	110	83

续表 5-1

序号	项目	内容	规模	单位	节约单价（元）	费用（万元）
3	既有设施的利用					
	城关工业园区既有湿地利用	节约调蓄设施	7500	m^2	100	75
	公园 6 既有水塘利用	节约调蓄设施	18900	m^2	100	189
	庄河水环境治理既有水塘作为合流制溢流调蓄空间	节约调蓄池	2000	m^3	3000	600
4	地形的利用					
	将军湖行泄通道	节约管网改造	8943	m	1200	1073
	疏港路行泄通道	节约管网改造	9800	m	1200	1176
5	工艺的经济化选择					
	河道清淤技术选择	水力冲洗 + 管道泵送清淤	300000	m^3	100	3000
	湖体防渗技术选择	黄黏土防渗技术	55372	m^2	50	277
	透水水稳应用	替代透水混凝土基层	42034	m^2	30	126
	融雪剂控制措施	组合侧石 + 开启门方式，节省融雪剂控制措施	1192	个	800	95
6	本地材料资源化利用					
	本地种植土（透水性较好，满足设计要求）	减少改良性土壤使用	239400	m^3	15	359
	石屑废料利用	替代透水找平层	21500	m^2	5	11
	开山混合料利用	替代透水基层	350000	m^3	40	1400
7	本地透水砖企业培育	降低透水砖成本	280233	m^2	10	280
8	低维护设施选择					
	蛇莓委陵菜替代草坪	减少人工除草、修剪工作量	2500	m^2	10	3
	满铺植被防止水土流失	避免设施水土流失积泥清淤	6800	m^2	50	34
	低维护融雪剂措施	减少融雪剂设施淤堵更换	2230	个	800	178
	简易生物滞留设施应用	减少设施基层更换	6500	m^2	50	33
9	土地增值效应					
	生态科技文化区	土地增值	1032	亩	450 000	46 440

续表 5-1

序号	项目	内容	规模	单位	节约单价（元）	费用（万元）
9	休闲养生区	土地增值	2598	亩	450000	116910
	大学城片区	土地增值	6288	亩	250000	157200
	城关工业园区	土地增值	1008	亩	400000	40320
合计		—	—	—	—	393356

5.2 社会效益

5.2.1 河湖环境质量改善

庄河市城区河道现状水质较差，小寺河污染最为严重，其次为庄河，最后为鲍码河。目前已编制完成三河流域系统治理方案，采取监管执法、截污控源、内源治理、生态修复、活水循环等系统性治理措施，可有效解决水体黑臭问题。目前已完成大部分沿河截污工程，如小寺河西岸截污管线、庄河鲍码河截污管线建设，水体黑臭现象得到改善。

5.2.2 城市内涝基本消除

试点区外主要对不同积水点采取针对性的工程措施解决积水问题，如提标管网、疏浚排水渠等。对于棚户区积水点，近期采取应急移动泵车的方式控制积水问题，远期结合棚户区改造解决积水点的积水问题。

对于试点区内积水、内涝问题，采取“系统治理”思路，结合内涝治理，建设排水管渠、多级行泄通道、行泄沟渠，考虑洪涝潮问题，建设防潮闸门及调蓄水体，局部进行工程改造，从根本上解决了试点区内涝的问题。

2018 年 8 月 20 日，受台风“温比亚”影响，庄河市区 24 小时内降雨 172 mm，局部地区达到 239 mm，庄河市区内道路积水最深处达 1.5 m，属历史罕见。已建成的海绵城市区域相对于未建设海绵城市的区域消峰作用较为明显，内涝点改造区域积水深度得到明显改善；尤其是将军湖片区雨水行泄通道的建设，对引导本区域积水至末端湖体发挥了至关重要的作用，片区总体未受到较大影响；城关工业园区调蓄空间基本建成，本次降雨除几处低洼棚户区外，基本无内涝现象，海绵城市建设成果初显。

5.2.3 居民生活环境得到改善

结合三河流域治理，全面开展了本地区老城区内城市基础设施改造，将海绵城市建设与老城区提升改造、民生工程进行了系统、全面的结合，解决了老城市基础设施不完善、老化以及内涝、水环境等诸多问题。

针对目前已完成的农民街海绵改造工程、向阳路海绵改造工程等积水点改造海绵城市建设项目，积水问题得到解决，社会大众认可度极高。

城关工业园区实施的工厂、道路、公园以及截污工程等海绵化改造，通过构建“截污、滞蓄、净化”的水质保障系统和无雨水管网的生态草沟系统，极大改善了园区基础设施环境，提升了园区土地价值。

已系统性地完成了对将军湖片区 11 个小区、10 条道路、1 个公园的海绵化改造，不仅实现了多功能调蓄的海绵功能，更极大地提升了整个片区的景观环境。

智慧城片区“庄河市海绵城市科普基地”的建设，对海绵城市的推广起到了很好的科普教育宣传作用，可以让市民更直观地了解海绵城市建设理念，并能亲身接触海绵雨水基础设施。

截至目前，展馆累计接待参观人员近 200 批 6000 余人次。通过电视、报纸、新媒体等多元宣传手段，以及组织开展 2018 年辽宁省海绵城市建设工作现场会，庄河海绵城市试点经验得到有效推广。宣传工作取得显著成效，试点建设广受市民关注，逐步形成示范效益。

对于重点建设的庄河西侧老城区海绵化改造及水环境治理片区，我们将更进一步探索老城区海绵改造模式，将厕所、化粪池、污水管网、雨水管渠、道路、公园等民生工程与海绵城市建设相结合，打造“民生海绵”工程，让更多城市居民受益。

5.2.4 老百姓获得感增强

“以水为引”的庄河“海绵 + 民生工程”全面铺开，对城区内向阳路、农民街、新华路等逢雨必涝的几处街区通过疏通、新建雨水管网，增加排水能力，系统解决了城区内涝问题。通过小寺河流域的截污工程建设，一改以往河流两岸景美水臭的实际情况，让小寺河两岸带状公园真正发挥城市滨水公共空间的作用。通过城关工业园区截污及排水系统建设，解决了老旧工业区内涝问题，完善截污系统后，脏水不再外溢，统一收集，解决了区域自然沟渠的水环境问题，同步解决了困扰本区域已久的环保问题。即将开工建设的庄河、鲍码河两岸老城区海绵改造及水环境治理工程，在项目方案启动阶段，就已得到街道、社区居民的广泛关注，群众参与度极高。

5.3 生态效益

庄河市在海绵城市试点建设过程中，打造了张屯泄洪渠及雨水湿地公园、李屯排水沟调蓄水沟、城关工业园龙王庙公园、生态科技文化区中心水系、休闲养生区中心水系等一批高品质城市公园，并对将军湖公园进行了提升改造，建成了可应对“洪涝潮”的多功能蓄滞体系。

通过公园、湿地等大海绵系统的建设，改善了城市人居环境，生态效益也得到显著提升。本地栖息生物种类增多，黑脸琵鹭栖息地得到保护，并首次吸引近千只遗鸥在此过冬。遗鸥是被称为“湿地精灵”的濒危物种，属于国家一级保护动物，被《世界自然保护联盟濒危物种红色名录》收入的易危物种。遗鸥的越冬停留与所在地生态环境质量密切相关，它们的到来说明了庄河湿地生态环境质量和食物链系统综合良好，可满足遗鸥越冬停留的要求。

通过雨水花园、下沉式绿地等滞蓄设施，雨水桶、调蓄池、多功能调蓄水体等调蓄设施建设，以及污水厂再生水管线的铺设，绿化灌溉用水、景观水体补水开始使用雨水、再生水等非常规水资源，有效改善了城市水资源结构。

参考文献

[1] 宋振华 . 城市路网布局对比研究 [D]. 淄博：山东理工大学，2012.

[2] 孙芳 . 基于海绵城市的城市道路系统化设计研究 [D]. 西安：西安建筑科技大学，2015.

[3] 中华人民共和国住房和城市建设部 .《海绵城市建设技术指南——低影响开发雨水系统构建（试行）》发布实施 [J]. 城市规划通讯，2014，21（8）.

[4] 文国玮 . 城市交通与道路系统规划 [M]. 北京 : 清华大学出版社，2007.

[5] 中华人民共和国住房和城乡建设部 . 城市道路工程设计规范：CJJ 37—2012 [S]. 北京：中国建筑工业出版社，2012.

[6] 聂大华 . 城市道路雨水利用设计概要：中国土木工程学会市政工程分会城市道路与交通工程委员会 . 第九次全国城市道路与交通工程学术会议论文集 [C]. 北京：中国土木工程学会市政工程分会城市道路与交通工程委员会，2007.

[7] 杨少伟 . 道路勘测设计（第三版）[M]. 北京 : 人民交通出版社，2009.

[8] 许彬 . SWMM 模型和 GIS 技术在海绵城市建设中的应用 [J]. 江苏城市规划，2016，（10）：46–47.

[9] 俞孔坚 . 建海绵城市与生态修复技术至关重要 [J]. 中华建设 , 2017，（3）：41.

[10] 郑永新，彭红梅，董先农，等 . 基于海绵城市理念的贵州贵安新区星月湖公园规划初探 [J]. 广东园林，2016，（4）：38– 40.

[11] 杨贤房，张安皓 . 海绵城市背景下城市道路规划设计方法优化研究 [J]. 赣南师范大学学报，2017，（3）：98– 101.

[12] 付凌云，张千千 . 关于智慧化海绵城市的展望分析 [J]. 智能建筑与智慧城市，2018，（3）：91– 92.

[13] 李方正，胡楠，李雄，等 . 海绵城市建设背景下的城市绿地系统规划响应研究 [J]. 城市发展研究，2016，23（7）：39– 45.

[14] 仝贺，王建龙，车伍，等 . 基于海绵城市理念的城市规划方法探讨 [J]. 南方建筑，2015，（4）：108– 114.

[15] 彭翀，张晨，顾朝林．面向“海绵城市”建设的特大城市总体规划编制内容响应 [J]. 南方建筑，2015，（3）：48– 53.

[16] 李显，张悦，陈家珑，等．海绵城市建设中再生骨料蓄水层蓄水能力的研究 [J]. 中国给水排水，2016，32（3）：86– 88.

[17] 韩葳蕤，孟昭博，张辉，等．新型透水砖设计及制备方法研究 [J]. 山西建筑，2017，43（28）：110– 112.

[18] 樊志红．智慧型海绵城市的探讨与展望 [J]. 中国水运（下半月），2018，18（2）：197– 198.

[19] 李运杰，张弛，冷祥阳，等．智慧化海绵城市的探讨与展望 [J]. 南水北调与水利科技，2016，14（1）：161– 164+171.

[20] 边一飞，张良存付帮勤，等．加快山东黄河滩区发展建议 [J]. 中国人口资源环境，2000，（4）：100—102.

[21] 端木礼明，成刚．河南黄河滩区综合治理与开发措施探讨 [J]. 中国水利，2003，（11）：66—67.

[22] 陈育宁，景永时．论秦汉时期黄河河套流域的经济开发 [J]. 宁夏社会科学，1989，（5）：34–40.

[23] 方立娇．长江及武汉市内水系与武汉的发展 [OL]. [2011–10–19]. https://wenku.baidu.com/view/1fad177a31b765ce050814ba.html.

[24] 国家林业和草原局政府网．国家公园与自然保护区：各司其职的“孪生兄弟”[OL].[2019–01–08]. http://www.forestry.gov.cn/main/72/20181229/151129387678852.html.

[25] 侯仁之．历史地理学的理论与实践 [M]. 上海：上海人民出版社，1979：463.

[26] 贾康忠，贾可行，权雄章．青海省玛多县生态环 境初探 [J]. 现代农业科技，2010，（20）：11–12.

[27] 曹建华，潘根兴，袁道先，等．岩溶地区土壤溶解有机碳的季节动态及环境效应 [J]. 生态环境，2005，14（2）：224–229.

[28] 陈楚莹，廖利平，汪思龙 . 杉木人工林生态学 [M]. 北京：科学出版社，2000.

[29] 陈楚莹，汪思龙 . 人工混交林生态学 [M]. 北京：科学出版社，2004.

[30] 陈全胜，李凌浩，韩兴国，等 . 水分对土壤呼吸的影响及机理 [J]. 生态学报，2003，23（5）：972–978.

[31] 金卫斌，李百炼 . 流域尺度的景观—水质模型研究进展 [J]. 科技导报 . 2008，（7）：2–6.

[32] 冷疏影，刘燕华 . 中国脆弱生态区可持续发展指标体系框架设计 [J]. 中国人口·资源与环境，1999，9（02）：42–47.

[33] 陈全胜，李凌浩，韩兴国，等 . 土壤呼吸对温度升高的适应 [J]. 生态学报，2004，24（11）: 2649–2655.

[34] 方华军，杨学明，张晓平，等 . 坡耕地黑土活性有机碳空间分布及生物有效性 [J]. 水土保持学报，2006，20（2）： 59–63.

[35] 李百炼，伍业钢 . 谈“十四五”生态保护与绿色发展的生态关系 [J]. 科技导报，2021，39（3）：88–101.

[36] 李爱平 . 解读河套地区的远古与“文明变迁”[N]. 内蒙古晨报，2010–09–12.

[37] 李文华 . 生态补偿与资源保育 [OL]. [2017–07–17]. https://wenku.baidu.com/view/f54ea0114b7302768e9951e79b89680203d86b84.html.

[38] 方精云 . 全球生态学：气候变化与生态响应 [M]. 北京：高等教育出版社 . 2000.

[39] 李媛媛 . 长江禁捕退捕有哪些阶段性成效 [OL] .（2020–12–15）. https://www.163.com/dy/article/FTTT19PK0511DJHA.html.

[40] 李玉山 . 黄土高原治理开发之基本经验 [J]. 土壤侵蚀与水土保持学报，1999，5（2）：52–58.

[41] 梁象武 . 黄河的发源地及主要支流 [J]. 山西水土保持科技，1986，（3）：39–41.

[42] 刘国彬，王兵，卫伟，等 . 黄土高原水土流失综合治理技术及示范 [J]. 生态学报，2016，36（22）：7074–7077.

[43] 刘震 . 加强重点工程建设管理全面提升水土流失综合防治水平 [J]. 中国水土保持，2005，（04）：1–4.

[44] 路元新 . 黄河发源地的自然概况及草场类型 [J]. 中国草原，1986，（3）：19–22.

[45] 姜培坤 . 不同林分下土壤活性有机碳库研究 [J]. 林业科学，2005， 41（1）：10–13.

[46] 孟昭岭，李琦，赵顺利 . 开封黄河滩区开发利用与防洪问题探讨 [J]. 黄河水利职业技术学院学报，2005，（4）：6–13.

[47] 乔丽芳，陈亮明，张毅川 . 郑州黄河滩地景观可持续发展研究 [J]. 重庆建筑大学学报，2007，29（6）20–24.

[48] 王兵，仝亮，潘元庆，等 . 河南省黄河滩区开发利用现状及其发展前景 [J]. 河南农业科学，2008，（11）：64–66.

[49] 周广胜，王玉辉，蒋延玲，等 . 陆地生态系统类型转变与碳循环 [J]. 植物生态学报，2002，26（2）：250–254.

[50] 武天云，Schoenau J, 李凤民，等 . 土壤有机质概念和分组技术研究进展 [J]. 应用生态学报，2004，15（4）：717–722.

[51] 王浩，贾仰文 . 变化中的流域“自然—社会”二元水循环理论与研究方法 [J]. 水利学报，2016，（10）：1219–1226.

[52] 伍业钢 . 海绵城市设计：理念、技术、案例 [M]. 南京：江苏凤凰科学技术出版社，2016.

[53] 伍业钢，斯慧明 . 生态城市设计：中国新型城镇化的生态学解读 [M]. 南京：江苏凤凰科学技术出版社，2018.

[54] 胡胜，曹明明，张天琪，等 . 基于 InVEST 模型的小流域沉积物保留生态效益评估——以陕西省营盘山库区为例 [J]. 资源科学， 2015，37（1）：76–84.

[55] 伍业钢 . 建设绿水青山的生态技术 [M]// 王浩，李文华，李百炼，等 . 绿水青山的国家战略、生态技术及经济学 . 南京：江苏凤凰科学技术出版社，2019：127–148.

[56] 房学宁，赵文武 . 生态系统服务研究进展——2013 年第 11 届国际生态学大会（INTECOL Congress） 会议述评 [J]. 生态学报，2013, 33（20）: 6736–6740.

[57] 谢高地、张彩霞、张雷明，等 . 基于单位面积价值当量因子的生态系统服务价值化方法改进 [J]. 自然资源学报，2015，30（8）：1243–1254.

[58] 严晋跃 . 绿水青山的国家战略与未来能源系统的关系 [M]// 王浩，李文华，李百炼，等 . 绿水青山的国家战略、生态技术及经济学 . 南京：江苏凤凰科学技术出版社，2019：37–56.

[59] 网易号 . “任性”黄河最美逆行，成全河套独好风景 [OL].[2017–09–09]https://www.163.com/dy/article/CTSTA9EM0524A3CN.html.

[60] 杨新才 . 关于古代宁夏引黄灌区灌溉面积的推算 [J]. 中国农史，1999，（3）：85–99.

[61] 谢永生，李占斌，王继军，等 . 黄土高原水土流失治理模式的层次结构及其演变 [J]. 水土保持学报，2011，25（03）：211–214.

[62] 邵玉红，张海玲 . 长江黄河源地的气候特征 [J]. 青海环境，1998，（2）：68–72.

[63] 张华侨，王健 . 中国黄河调查 [M]. 武汉：湖北人民出版社，2006.

[64] 张汝印，耿明全，吴兴明 . 黄河下游滩区综合治理标准探讨 [J]. 人民黄河，2005，（12）：26–27.

[65] 朱显谟 . 维护土壤水库确保黄土高原山川秀美 [J]. 中国水土保持，2006，（01）：6–7.